新形态教材

动物生物学实验指导

（第 3 版）

● 主 编　包新康　骆 爽　张迎梅

● 编 者　（按姓氏拼音排序）

　　　　包新康　丛培昊　高 岚　骆 爽
　　　　宋 森　张立勋　张迎梅　赵 伟

中国教育出版传媒集团

高等教育出版社·北京

内容简介

本教材依照高素质、厚基础、宽知识、强能力的本科人才培养思路编写，在第2版的基础上对结构和内容进行了较大调整和修订。全书分为基础实验和自选实验两部分。基础实验部分安排有18个实验，与课堂理论教学对应。自选实验6个，为进一步拓展的实验内容，启发、指导学生自主设计完成，有助于提高学生自主学习能力和学习兴趣。

实验既包括了无脊椎、脊椎动物的解剖、切片观察和分类的经典实验内容，也设计了在科研、教学中常用到的实验动物的相关实验，实用性强。书中注重动物学基本实验技能的训练，通过大量的原色照片清晰展示实验操作关键环节和动物体结构特点，重点突出；配套的实验操作视频、讲解视频可直观呈现教学内容；动物学重要名词配有英文标注，利于专业英语学习。

本教材适合作为高等学校动物学、动物生物学实验课程的教材，也可供广大生物学师生和动物学爱好者参考。

图书在版编目（CIP）数据

动物生物学实验指导 / 包新康，骆爽，张迎梅主编.
—3 版. —北京：高等教育出版社，2022.9
ISBN 978-7-04-059279-5

Ⅰ. ①动… Ⅱ. ①包… ②骆… ③张… Ⅲ. ①动物学
– 生物学 – 实验 – 高等学校 – 教材 Ⅳ.① Q95-33

中国版本图书馆 CIP 数据核字（2022）第 154518 号

DONGWU SHENGWUXUE SHIYAN ZHIDAO

策划编辑 王 莉　　责任编辑 高新景 靳 然　　封面设计 姜 磊　　责任印制 耿 轩

出版发行	高等教育出版社	网　址	http://www.hep.edu.cn	
社　址	北京市西城区德外大街4号		http://www.hep.com.cn	
邮政编码	100120	网上订购	http://www.hepmall.com.cn	
印　刷	三河市宏图印务有限公司		http://www.hepmall.com	
开　本	787 mm×1092 mm　1/16		http://www.hepmall.cn	
印　张	12.5			
字　数	280千字	版　次	2022年9月第1版	
购书热线	010-58581118	印　次	2022年12月第2次印刷	
咨询电话	400-810-0598	定　价	49.00元	

数字课程（基础版）

动物生物学实验指导
（第3版）

主编　包新康　宋森　骆爽

登录方法：

1. 电脑访问http://abook.hep.com.cn/59279，或手机扫描下方二维码、下载并安装Abook应用。
2. 注册并登录，进入"我的课程"。
3. 输入封底数字课程账号（20位密码，刮开涂层可见），或通过Abook应用扫描封底数字课程账号二维码，完成课程绑定。
4. 点击"进入学习"，开始本数字课程的学习。

课程绑定后一年为数字课程使用有效期。如有使用问题，请点击页面右下角的"自动答疑"按钮。

Abook

动物生物学实验指导（第3版）

本数字课程与纸质教材一体化设计，资源包括纸质教材各实验的操作视频、讲解视频及拓展阅读资源，为教师课堂教学和学生自主学习提供参考。

▶ 视频　　■ 拓展阅读

用户名：　　　密码：　　　验证码：　　　5360　忘记密码？　登录　注册

http://abook.hep.com.cn/59279

扫描二维码，下载Abook应用

前　言

　　动物生物学及实验课程是生物科学类专业的基础课之一。1999年以来，兰州大学"动物生物学"课程的教学与改革取得了长足的发展，先后被列为兰州大学重点课程、兰州大学双语教学课程、兰州大学名牌课程、教育部创建名牌课程、甘肃省一流本科课程，为实现培养具有高素质、厚基础、宽知识、强能力的生物学基础科学研究和教学人才奠定了基础。在专业实验课学时压缩的背景下，如何将理论教学与实验教学更好地结合、如何提升实验教学效果是本课程团队的研究重点。

　　《动物生物学实验指导》自2004年第1版出版至今，已走过近20年的建设历程，在实验课教学中发挥了重要的作用。在实际教学过程中，我们也积累了很多的经验。我们一直坚持既定的实验课教学重点，即在理论教学与实验教学紧密结合的同时，充分激发学生对生物学的兴趣，发挥学生自主参与和创新能力，注重培养学生的科研素质。实验内容包括经典的动物学解剖、分类基础实验，注重基本技能的训练和深化理论课堂知识；同时设立自选实验，要求学生选择1～2个实验，根据所学知识、参照教材自主设计完成，并提交详细规范的实验报告。在此基础上编写而成的第3版实验教材，希望通过内容的调整、图片的丰富和数字资源的配套，加强教材的教学适用性和可读性，使其能成为广大高校开展动物学、动物生物学实验教学的参考书。

　　第3版主要修订之处有：①全书实验分为基础实验和自选实验两部分，基础实验基本对应于课堂理论教学的顺序；②删除了个别不太实用的实验，增加了在科研、教学和日常生活中更多用到、接触到的动物的实验，如小鼠、小龙虾、河蟹和牛蛙的解剖实验，以期增强教材的实用性；③更新并增加了大量的原色照片，使动物结构更为明晰，对动物类群的展示更为直观；④配套丰富的实验操作视频、动物分类讲解视频及拓展阅读等数字资源，在精炼纸质教材内容的同时，丰富呈现形式，提升教材的实践指导水平。

　　第3版正文部分在前两版的基础上进行了较大的修改和重新

编排，由包新康负责完成并统稿。全部插图及数字资源由包新康、宋森、骆爽、赵伟、丛培昊拍摄并整理完成。本教材的不断完善是兰州大学动物生物学及实验课程团队成员多年的实践总结、共同努力的结果。第3版得到兰州大学教务处教材建设项目的支持，编写过程中得到了兰州大学生命科学学院和高等教育出版社的热情支持和帮助，在此一并致以诚挚的谢意！

编　　者
2022年7月于兰州大学

目　录

基础实验

自选实验

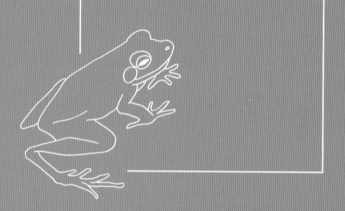

基础实验

显微镜的结构与使用

一、实验原理

显微镜是一种将微小物体放大以便于观察的仪器，显微镜的发明使人们对生物的认知有了重大的进步。各种类型显微镜的发展，让我们对微观世界不断有着新的发现。熟练、规范地使用显微镜，目前已成为生命科学领域科学研究必备的基本技能。显微镜主要分为光学显微镜（optical microscope）和电子显微镜（electron microscope），动物学常用的是光学显微镜，也就是通过透镜、棱镜的光学成像原理，将物体放大。其基本结构有支撑显微镜和光源的镜座，以及物镜（接近被观察物体的镜头）和目镜（接近观察者眼的镜头）等光学部分。

体视显微镜（stereo microscope）通常也称解剖显微镜（dissecting microscope），也是动物学中常用的一种实验仪器，常用于观察昆虫及其他小型动物的形态与结构。由于其内部透镜与棱镜的组配而使人能观察到立体或三维的物像。这样的光学系统使体视显微镜的放大倍数有限，一般为 $5\times \sim 50\times$。

二、实验目的

1. 观察普通光学显微镜的结构，学习其规范的使用方法。
2. 制作与观察蝴蝶鳞片临时装片，或观察人口腔上皮细胞；观察动物组织切片标本。
3. 了解体视显微镜的结构及使用方法。

三、实验用具及材料

1. 普通光学显微镜，体视显微镜，载玻片，盖玻片，吸水纸，擦镜纸，毛笔，牙签。
2. 50% 乙醇，9 g/L NaCl 溶液，1 g/L 亚甲蓝，二甲苯，香柏油。
3. 蝴蝶标本，动物 4 种组织切片标本。

四、实验操作与观察

（一）普通光学显微镜的基本结构

如图 1-1 所示，显微镜底部为宽大的**镜座**，是显微镜承重部分。镜座正中有光源。老式的显微镜镜座上光源为一反光镜，接受外来光线（灯光或太阳光），并将光线反射到聚光器上；反光镜的一面为平面镜，另一面为凹面镜，可根据外来光线的强弱来换用。目前更多的显微镜在反光镜处为一内置电光源，通电后电光源产生光线，透过其上的透镜射于聚光器上。镜座的后侧或两侧或上方（不同产品有差异）有电源开关和光量调节器，光量调节器用于调节光线的强弱。

镜座上连一弯曲的镜臂，便于手把握。镜臂顶端有**物镜转换器**。物镜转换器为一可旋转的圆盘，下面附有 2 ~ 4 个物镜，物镜以螺旋旋入的方式固定在转换器上。物镜一般有 4×（低倍）、10×（低倍）、40×（高倍）和 100×（油镜）。转动转换器，可以换用物镜（转动时，感到"咔嗒"一下则转换恰当）。

物镜转换器上方连有镜筒（有的显微镜为单筒），镜筒上端有**目镜**，可以从镜筒内抽出。两镜筒之间距离一般可调节，以适应观察者的眼间距，从而使两目镜内的视野重合。两个目镜一般是 5× 或 10×。右侧目镜镜筒上一般还会有微调旋钮，若观察者两眼的视力有差异，可以通过调节该旋钮来达到两眼观察效果一致。

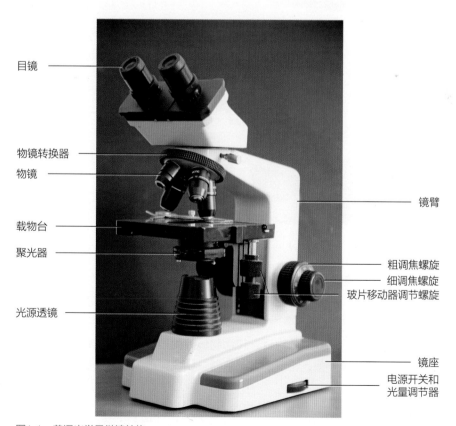

图1-1　普通光学显微镜结构

　　镜臂基部、光源上方有一突出的圆形或方形的平台，为**载物台**（图 1-2），是放置玻片标本的地方。台的中央有一圆孔，可通过来自下方的光线；载物台上装有玻片移动器（或推进尺），玻片移动器上的压片夹（或固定夹）用以固定玻片标本；载物台下方一侧有玻片移动器调节螺旋（有的显微镜的移动器调节螺旋在载物台上面），分为上、下两个手轮，分别用于调节玻片移动器纵向移动和横向移动。玻片移动器上还带有标尺，可以通过横、纵坐标值记录观察点的位置，以便再次寻找。

　　载物台中央圆孔下方，有一**聚光器**，由 2～3 块镜片组成，用于聚集来自下方的光线，通过载物台圆孔照射到玻片标本上。聚光器下附有一组由金属片组成的虹彩光圈（或可变光阑），其侧面有一调节杆，推动调节杆可调节光圈大小。光圈开大则上行光线较强，适于观察色深物体；光圈缩小则光线较弱，适于观察透明色浅的物体。在载物台下方左侧靠近镜臂处有一聚光器螺旋，可调节聚光器上、下移动，从而调节视野的明暗。

　　在镜柱的两侧各有**粗、细调焦螺旋**，转动调焦螺旋可使载物台上、下升降，从而调节物镜与所观察的玻片标本间的距离，以获得清晰物像。粗、细调焦螺旋常组合在一起，外围大的为粗调焦螺旋，可大范围升降调焦；中央直径小的为细调焦螺旋，在物像已出现但仍模糊不清时，可用其作精确调焦，获得更清晰物像。

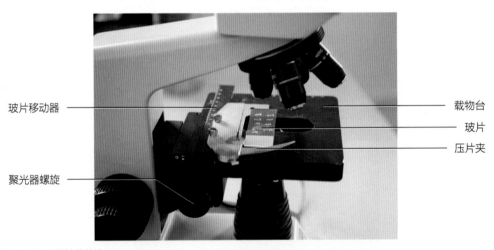

图1-2　显微镜载物台

（二）普通光学显微镜的使用方法

▶ 普通光学显微镜的使用

　　拿、取显微镜时，右手握镜臂，左手托住镜座底部，保持镜体直立，轻拿轻放。

1. 调光

　　目镜对着观察者，放好显微镜后，转动物镜转换器，使低倍物镜对准聚光器，处于工作位置。打开电源开关，调节光量调节器，使视野内光线亮度适宜。

2. 低倍镜观察

　　光线调好后，将玻片标本放在载物台上，有盖玻片的一面朝上，并用压片夹卡紧。移动玻片移动器（用调节螺旋的上、下两个手轮），使盖玻片下所要观察的标本移到物镜正下方。开始调焦：眼先不要看目镜内，而是从侧面注视载物台，转动粗调焦螺旋，使载物台升至最高（若无高限保护，则抬升载物台使低倍物镜镜头与载物台上玻片之间的距离缩小至大约 5 mm），然后再从目镜观察，同时慢慢反向转动粗调焦螺旋，使镜与玻片间距离渐渐增大，直到基本看清物像为止。若找不到物像，则重复以上过程。看到物像后，再转动细调焦螺旋，并且移动玻片移动器，使所要观察的物体清晰地出现在视野中。如果光线不适，可以拨动虹彩光圈的调节杆和聚光器螺旋，使光线及明暗对比适宜。

3. 高倍镜观察（40×）

在低倍镜下观察清楚后，若需用高倍镜观察，则首先在低倍镜下将所要进一步放大观察的标本结构移至视野正中央，并且调焦清楚，然后转动物镜转换器，直接将高倍物镜转至玻片标本上方的工作位置（高倍物镜镜头几乎与玻片相接触），这时自目镜观察，只要稍微转动一下细调焦螺旋即可获得清晰物像。高倍镜下观察时光线应调亮一些。

转动玻片移动器调节螺旋的两个手轮，一行一行扫描式地观察盖玻片下的标本。观察完后若要更换玻片标本，一定要先将高倍物镜转换为低倍物镜或直接转开，再取、换标本。

4. 油镜观察（100×）

高倍镜观察结束后，若需要更微观地观察，可以用油镜。在高倍镜（40×）下将需要油镜观察的标本部分移至视野正中央，调清晰后，转动物镜转换器，将 40× 的物镜转开，吸取一滴香柏油滴在盖玻片上的观察区域，然后慢慢转动物镜转换器，将 100× 的油镜转至工作位置（镜头浸没在油中，几乎与玻片接触），这时自目镜观察，虹彩光圈开大一些，再稍微转动一下细调焦螺旋，即可得到清晰物像。观察完后，将油镜转开，用擦镜纸擦去镜头及玻片上的香柏油，再用擦镜纸蘸少许二甲苯（若有镜头清洗液则更好），轻轻擦拭油镜镜头后，立即用新的擦镜纸蘸拭干净镜头上的二甲苯。

显微镜用完后，关闭电源；将物镜转开；取下玻片标本；转动粗调焦螺旋，使载物台降到底，以免调焦螺旋的轴承承力太久而滑丝。

使用显微镜的过程中，应特别注意以下几点：

（1）每次观察都应先用低倍镜、后再换高倍镜。换玻片时，不可在高倍镜下直接取换，应先转开高倍物镜或转至低倍物镜后再取换玻片。

（2）调焦时，转动调焦螺旋、使物镜镜头与玻片间距离由小到大来调焦，反之则易将玻片标本压碎，且损坏镜头。高倍镜观察时也应小心，不要轻易转动粗调焦螺旋，否则易压碎玻片。

（3）两眼同时观察，两个目镜间距可以根据观察者的眼间距来调整；眼与目镜间距调整合适，使两眼看到的视野相重合。看到物像后，试着调节虹彩光圈调节杆、聚光器螺旋以及细调焦螺旋，使物像的亮度、对比度最合适，物像最清晰。

（三）蝴蝶鳞片临时装片制作及观察

准备好干净的载玻片和盖玻片。用毛笔在蝴蝶标本翅面上刷几下，然后在载玻片中央点一下，即有许多粉粒状的东西（鳞片）附着于载玻片上，在粉状物上滴一滴 50% 乙醇（不宜过多），用镊子取干净的盖玻片，使盖玻片一边接触乙醇液滴的边缘，慢慢倾斜放下，以免留有太多的气泡。临时装片制作好后，在显微镜下观察。

（四）人口腔上皮细胞观察

用牙签粗的一端在口腔内两颊处轻轻刮几下，将刮下的白色黏性物在载玻片中央薄而均匀地涂开，再在其上加 1 滴 9 g/L NaCl 溶液，加盖玻片，低倍镜下观察，找到口腔上皮细胞后，移至视野中央，换高倍镜观察，将视野的明暗对比调适宜，辨认口腔上皮细胞的形状及结构。若结构不够清楚，可在盖玻片的一侧加 1 滴 1 g/L 亚甲蓝（或 1 g/L 中性红），在盖玻片的另一侧用小片吸水纸轻轻吸，染液会渗入盖玻片下面。染色后，细胞核着色较深。注意染液不要加太多。

（五）动物组织切片观察

取已经制备好的动物上皮、肌肉、结缔或神经组织的切片，教师示范或同学自己观察，了解动物 4 种组织的构成特点，同时进一步熟练普通光学显微镜的使用。

（六）体视显微镜的基本结构和使用方法

1. 基本结构

▶体视显微镜
的使用

如图 1-3 所示，体视显微镜的结构与普通光学显微镜的主要差别是，没有中间的载物台。也就是说，需要观察的标本（物体）直接放在镜座上方中间的平台上。平台上中间有一个圆形的置物板，可以是白色不透光瓷板（观察一般的物体用），也可以换为透光的玻璃板（观察透光的玻片标本时可用）。镜臂部分为一支柱（镜柱），上面有一固定手轮，可以调节镜身（镜头部分）与镜座上被观察物体间的距离。解剖镜的

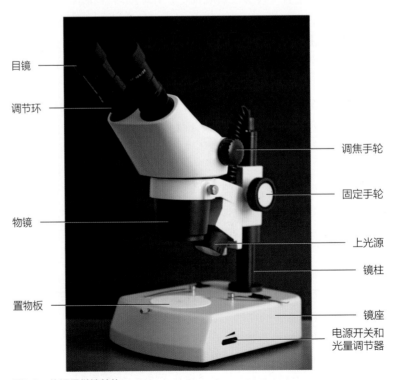

目镜

调节环

物镜

置物板

调焦手轮

固定手轮

上光源

镜柱

镜座

电源开关和
光量调节器

图1-3　体视显微镜结构

光源有两种，一个是上光源（照射光），从上方照射被观察的物体；另一个是从置物板下方发出的光（下光源）。

2．操作方法

（1）灯光照明　接通电源，打开开关调节到所需亮度，太强或太弱都不适宜。若观察实物标本，一般只开上光源即可；若观察能透光的玻片或装片，可开下光源观察。

（2）调焦　将被观察物置于工作台中间，根据被观察物大小、高度来调节支架上的固定手轮，使物镜高度合适，拧紧固定手轮，然后转动调焦手轮，直到看清物像为止。

（3）视度调节　以左眼为基准，调焦看清左筒物像，然后右眼对右筒，调节基部的调节环直到看清右筒物像，这样可消除视差，看到高质量的三维图像。

五、作业与思考

1. 总结显微镜的规范使用方法。
2. 观察到的蝴蝶鳞片是什么形状的？若换取另一种蝴蝶（不同的科）的鳞片观察，其形状是否不同？
3. 绘制人口腔上皮细胞或动物组织的某一种细胞结构图。

原生动物观察

一、实验原理

原生动物分布广、适应性强，除了孢子纲营寄生生活外，鞭毛纲、肉足纲和纤毛纲中自由生活的种类繁多，生活习性多样。

原生动物代表种类大草履虫（*Paramecium caudatum*），依靠体表的纤毛在水体中自由游动；口沟用来收集食物，食物进入体内形成食物泡，食物泡随着细胞质的流动而在体内移动，泡中的食物逐渐被消化吸收后，食物残渣由身体后侧的胞肛排出体外；体内有一前一后两个伸缩泡，交替收缩，排出体内多余水分及代谢废物；有一大一小两个细胞核。大草履虫个体较大、结构典型、繁殖快、观察方便、容易采集培养，经常作为研究细胞遗传、种群生态的好材料。

二、实验目的

1. 通过纤毛纲草履虫的活体观察，掌握原生动物的主要特点。
2. 观察草履虫接合生殖和分裂生殖装片，了解原生动物繁殖方式。
3. 观察疟原虫血涂片，了解孢子纲疟原虫的结构特点及生活史过程。
4. 通过对采集的水样中活体原生动物的观察与识别，了解鞭毛纲、肉足纲和纤毛纲的常见种类及结构特点。

三、实验用具及材料

1. 普通光学显微镜，载玻片，盖玻片，吸管，棉花，吸水纸。
2. 中性红染色剂（用蒸馏水配成 1 g/L 的母液，置于暗处保存，使用时稀释 10 倍），5% 无水乙酸，碘液，蓝墨水。
3. 草履虫培养液，变形虫培养液，草履虫分裂生殖、接合生殖装片，疟原虫血涂片，采集的水样。

□ 原生动物的
采集和培养

四、实验操作与观察

（一）草履虫活体的观察

草履虫在水体中活动迅速，给活体观察带来困难。为限制其运动，可撕取少许棉花纤维，成一松散的网层，放在载玻片上，用吸管取草履虫培养液滴在上面，盖上盖玻片（若水较多，用吸水纸条贴近盖玻片边缘轻轻吸去一些水分，适当下压盖玻片），这样，草履虫被围隔在纤维交叉而成的不规则小网格中，便于观察。

低倍镜下观察草履虫是怎样运动的，为何这样运动？找到一只被围隔或不甚运动的草履虫，换高倍镜观察。虫体前端较圆，后端较尖（如图 2-1）；从前端起，有一斜向后行直达中部的凹沟，为**口沟**（oral groove）；口沟的后端为胞口（cytostome）；紧接胞口有一导入内质的短管为胞咽（cytopharynx）；虫体体表为一层表膜（pellicle）；光线调暗些，可看到虫体表膜外覆满纤毛（cilium），时时在摆动；口沟内纤毛长而整齐，摆动可收集食物颗粒。表膜内侧有与表膜垂直排列的一层折光性强的椭圆形小泡为刺丝泡（trichocyst）。

对草履虫进行中性红活体染色：中性红是一种专一的液泡系染色剂，低浓度溶液对原生动物毒害性小，是常用的活体染色剂，可以观察原生动物体内食物泡的形成和消化全过程。在载玻片上滴加培养液，加盖玻片，确定有较多草履虫后，在盖玻片一侧加 1 滴中性红染色剂（0.1 g/L），在另一侧用吸水纸条轻吸，染色剂便渗入盖玻片下。染色后可观察到虫体内质中有许多大小不同被染成红色、内有颗粒物的**食物泡**（food vacuole）。在镜下仔细观察草履虫通过口沟、胞口、胞咽的摄食情况，以及食物泡在体内的运行。

在虫体后端侧面有一处排出食物残渣的地方为胞肛（cytoproct）。调节显微镜的微调，注意寻找虫体内两个空泡状的**伸缩泡**（contractile vacuole）（图 2-2），伸缩泡随着收缩而时大时小，周边可见到辐射状排列的收集管。前、后两个伸缩泡收缩有何规律？分别滴加纯净水和 NaCl 溶液，观察伸缩泡的收缩频率会发生什么样的变化。

在盖玻片一侧滴 1 滴 5% 无水乙酸进行染色，可见在虫体中部有一肾形、被染成黄白色的结构，为大核（macronucleus）；转高倍镜，可见大核凹处有一点状结构，为小核（micronucleus）。也可观察草履虫装片，了解草履虫的细胞核。

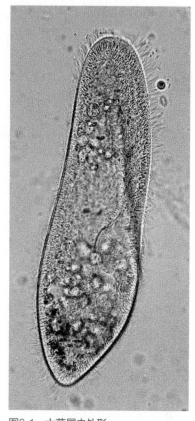

▶ 草履虫

图2-1　大草履虫外形

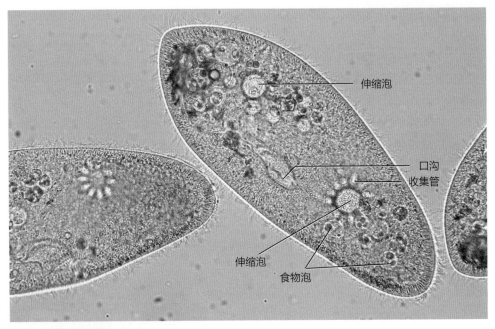

图2-2 大草履虫结构

重新做一张草履虫装片，用蓝墨水染色，会观察到草履虫释放出刺丝的状态（图2-3）。

（二）草履虫生殖装片的观察

取草履虫接合生殖和分裂生殖的装片进行镜下观察（图2-4）。食物充分和生长旺盛时，草履虫会主要进行横二裂的无性生殖方式。在适宜条件下（可以诱导），草履虫会进行接合生殖。

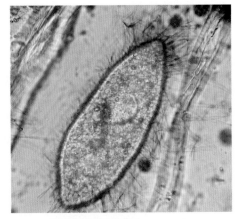

图2-3 释放出刺丝的草履虫

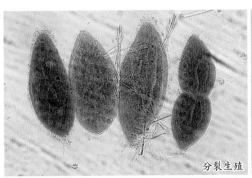
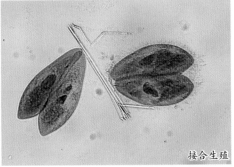

图2-4 草履虫的生殖

（三）鞭毛虫（flagellate）的观察

在水体中会经常见到一些自由生活的鞭毛虫，其外形特点是有一到数根细长鞭毛。植鞭亚纲（Phytomastigina）的种类含叶绿素，能营光合作用，如眼虫，虫体表面具有带斜纹的表膜（pellicle），眼虫前端钝圆，后端尖削；虫体前端有一胞口（cytostome），向后与胞咽（cytopharynx）和膨大的储蓄泡（reservoir）相连，一根鞭毛（flagellum）由此伸出，注意鞭毛的摆动。储蓄泡基部为伸缩泡（contractile vacuole），前端的一侧有一红色眼点（eye spot）。眼点的作用是什么？对眼虫生活有何意义？虫体内有许多绿色的椭圆形小体——叶绿体（chloroplast）；在虫体中央稍靠后有一圆形透明的结构即细胞核（nucleus）。当眼虫不甚活动时，常呈现出一种蠕动，称眼虫式运动。

水体中自由生活的粗袋鞭虫（*Peranema trichophorum*）（图 2-5），虫体游动时纵长，后端呈截断状；前端伸出一根粗的鞭毛，与胞体近等长，游动时笔直地指向前方，另一根细而短的鞭毛伸出后即向后弯转，不容易观察到。

▶ 鞭毛虫

在盖玻片一侧加一小滴碘液，用吸水纸条在另一侧轻吸，进行临时染色：碘液可将鞭毛及细胞核染成褐色。

（四）变形虫（*Amoeba*）的观察

用吸管从变形虫培养液底部吸取 1～2 滴，滴在载玻片上，加盖玻片，低倍镜观察。一般变形虫虫体较小且几乎透明，在低倍镜下呈极浅蓝色；虫体移动时缓慢，形状不断改变。将显微镜光线调暗些，仔细寻找。找到一变形虫后，换高倍镜观察。如图 2-6，变形虫体最外面为细胞膜（cell membrane），其内为细胞质。变形虫细胞质分内、外质，外层较透明为外质（ectoplasm），外质里面颜色较暗，含颗粒物的部分为内质（endoplasm）。在内质中有一呈扁圆形较稠密的结构为细胞核。

▶ 变形虫

用中性红染色，染色后虫体内质中有许多被染成红色、大小不同的食物泡（food vacuole）。内质中还有一个透明清晰的圆泡为伸缩泡，伸缩泡的作用是什么？注意观察变形虫的运动，伪足（pseudopodium）是如何形成的？

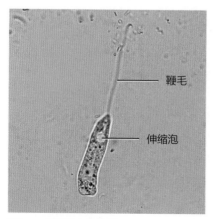

图2-5　粗袋鞭虫的结构

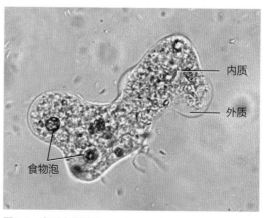

图2-6　变形虫的结构

（五）疟原虫血涂片的观察

疟原虫（*Plasmodium*）生活史各期装片若需要在油镜下观察，要特别注意油镜的使用方法（见实验1）。

观察间日疟疾病患者的血液染色涂片：涂片中红色圆形的是红细胞，红细胞内各期疟原虫的细胞质被染成蓝色，细胞核被染成红色。

仔细观察下列各期：

（1）滋养体（trophozoite）　裂殖子进入红细胞后，首先发育成环状体，个体很小，中间有一大的空泡，周围有细胞质，核偏在一边，很像戒指，称为环状滋养体，然后再逐渐发育成形状不规则的、较大的阿米巴状的滋养体，即大滋养体。

（2）裂殖体（schizont）　大滋养体进一步发育，细胞核分裂成几块，细胞质未分裂。此期的疟原虫几乎充满了整个红细胞。

（3）裂殖子（merozoite）　裂殖体内的细胞质分裂，包在每个细胞核周围，形成的卵圆形的小体称为裂殖子。

（4）配子母细胞（gametocyte）　由裂殖子发育而来。

（5）大配子母细胞（大配子体）（macrogametocyte）　充满红细胞，细胞核偏在一边，核质较紧密，疟色粒较粗大。

（6）小配子母细胞（小配子体）（microgametocyte）　与大配子母细胞不同的是核疏松，位于中部，疟色粒较细小。

（六）采集水样中的原生动物观察与识别

针对采集的水样，制作临时装片，观察其中的原生动物，识别其属于哪一纲，观察其主要特征。

用吸管吸取浓缩后的水样，在已备好的载玻片上滴1～2滴，加盖玻片，置于低倍镜下观察。自由生活的纤毛虫类活动迅速，可撕取棉花进行物理阻隔。观察时，移动玻片，一行一行扫描式地寻找装片上的原生动物，低倍镜主要用来寻找并区别原生动物的种类及观察它的活动状态，而高倍镜则用以观察原生动物的结构特征。

水体中常见的原生动物种类有（图2-7）：

针眼虫（*Euglena acus*）：属植鞭亚纲。身体成纵长的纺锤形或圆桶形，比较坚实而不大会改变形状；胞口、胞咽、储蓄泡及一根鞭毛和绿眼虫相同，鞭毛较短；有红色眼点、很多圆盘状叶绿体及短杆状副淀粉粒。

盘藻（*Gonium* spp.）：属植鞭亚纲。由4～16个个体排在一个平面上如盘状；每个个体都具有两根鞭毛；有色素体，每个个体都能进行营养和繁殖。

团藻（*Volvox* spp.）：属植鞭亚纲。单细胞群体，成中空球状，个体间有原生质桥相连；每个个体有两根鞭毛；群体中有营养个体与生殖个体的分化；注意团藻的颜色，团藻有无性生殖和有性生殖两种方式；群体内少数细胞失去鞭毛，分裂长大，形成子群体；有性生殖受精后的合子可分泌囊壁作为保护，度过冬季。

肾形虫（*Colpoda steini*）：属纤毛纲。身体呈肾形，多生活在含腐烂植物的水中。体表纤毛一致，口区表膜下陷形成一前庭，前庭内只有来自表膜的简单纤毛，不形成波动膜；胞口位于前庭底部；一个伸缩泡位于体前端，有大、小核。

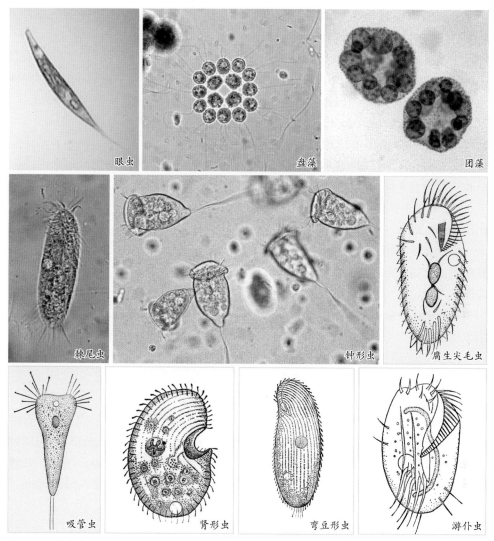

图2-7　水体中常见的几种原生动物

弯豆形虫（*Colpidium campylum*）：属纤毛纲。身体呈长豆形；沿着胞口右侧有一发达的波动膜；全身纤毛密而均匀；伸缩泡一个，有大、小核。

钟形虫（*Vorticella* spp.）：属纤毛纲。形似倒置的钟；体纤毛消失，口纤毛发达，并在虫体顶端形成两圈纤毛组成的围口盘，围口盘纤毛摆动可收集食物；反口端具一长柄，柄内有肌丝，可伸缩，虫体可靠柄来固着；有 1 或 2 个伸缩泡，大核一般呈带形。

吸管虫（*Suctoria* spp.）：属纤毛纲。成体无纤毛，由吸管代替纤毛，固着生活；用吸管诱捕其他纤毛虫等浮游生物为食；有一伸缩泡；自由活动的幼体则有纤毛存在。

棘尾虫（*Stylonychia* spp.）：属纤毛纲。呈长椭圆形，身体硬直，不会弯曲；口缘区的尖毛长而明显，后端 3 根尾触毛硬而长，彼此分开；伸缩泡 1 个，在口缘区下面靠近左侧；体内充满摄入的小型藻类。

游仆虫（*Euplotes* spp.）：属纤毛纲。体卵圆形，腹面扁平；体表纤毛不一致，

"背面"仅留少数触觉毛，"腹面"纤毛愈合成许多棘状毛，可用以爬行；口缘区宽阔明显，且纤毛带发达，呈三角形；伸缩泡一个，大核一个，呈长带形。

腐生尖毛虫（*Oxytricha saprobia*）：属纤毛纲。身体呈不对称的长卵圆形，向右旋的口缘部有纤毛构成的波动膜；腹面有8根前触毛、5根腹触毛、5根臀触毛；两个椭圆形大核彼此接近；伸缩泡一个。

除以上种类外，水体中可能还有其他微型生物，多观察识别，了解其特征。

水样中还经常可见到下面这种多细胞动物：

▶轮虫

轮虫（rotifer）：属假体腔动物（Pseudocoelomate）。如图2-8，头的前端有头冠（corona）或称轮盘，其上有1～2圈纤毛不停旋转，形似车轮，用于取食；咽部（pharynx）肌肉发达，有咀嚼器（mastax），消化管旁出现了简单的消化腺——唾液腺（salivary gland）；假体腔两旁有一对纵长的排泄管（excretory duct），其上列有一些焰细胞（flame cell）；足腺（pedal gland）分泌物可帮助足趾（toe）附着；胃两侧有卵巢及卵黄腺（vitellarium）。繁殖以孤雌生殖为主。以原生动物为食，对水体有自净作用。

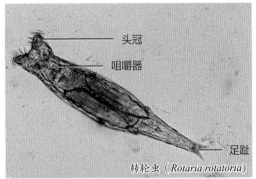

转轮虫（*Rotaria rotatoria*）

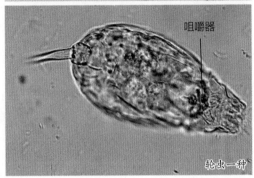

轮虫一种

图2-8 水体中常见的轮虫

五、作业与思考

1. 绘制眼虫或草履虫的结构示意图，表示出所观察到的各种结构。
2. 眼虫的叶绿体、眼点及变形虫的伪足的作用各是什么？
3. 对比观察到的鞭毛纲、肉足纲、纤毛纲代表动物主要结构上的异同点。
4. 水样中原生动物的体内能观察到哪些细胞器？各有何功用？
5. 水样检测时，还能看到哪些原生动物？

腔肠动物和扁形动物观察

一、实验原理

腔肠动物为二胚层动物，代表动物为水螅（*Hydra*）。水螅的体壁由简单的两层细胞及中间不发达的中胶层构成。体壁的两层细胞（内、外皮肌细胞层）分别由内、外胚层分化而来，没有独立的肌肉组织。

扁形动物为三胚层无体腔动物，代表动物为涡虫（*Planaria*）。虫体有了由中胚层分化而来的肌肉组织和实质组织。虫体横切面上，体壁由表皮层、环肌层、纵肌层构成，体壁和肠壁之间填充着实质组织。扁形动物除涡虫纲（Turbellaria）外，还有吸虫纲（Trematoda）和绦虫纲（Cestoidea），均为营寄生生活的种类，体内生殖系统发达，有着比较复杂的生活史过程。

二、实验目的

1. 通过对水螅切片和涡虫（片蛭）切片的观察，认识二胚层动物、三胚层无体腔动物体壁的基本组成及差异，加深理解中胚层出现的意义。
2. 通过活体观察及装片观察，了解腔肠动物和扁形动物的主要特征，认识主要类群。
3. 观察吸虫及绦虫装片与标本，了解其适应寄生生活的特征及其生活史。

三、实验用具及材料

1. 普通光学显微镜，体视显微镜，放大镜，培养皿，吸管，载玻片。
2. 矿泉水。
3. 水螅及涡虫活体，水螅带芽整装片，水螅纵切片、横切片，水螅过精巢、卵巢切片，涡虫肠管注射装片，涡虫横切片，薮枝螅装片，华支睾吸虫装片，日本血吸虫、肝片吸虫整装片，猪带绦虫3种节片装片。

四、实验操作与观察

（一）水螅活体及切片观察

1. 水螅活体观察

在干净的培养皿中添加矿泉水，将水螅活体吸入到培养皿中，让虫体能在水中舒展开。然后将有水螅的培养皿放置在体视显微镜下观察。水螅身体为圆柱状（图3-1），遇刺激后全身收缩为一团。靠基盘（basal disk）附着在物体上，另一端有圆锥形的突起——垂唇（hypostome），中间有口；垂唇周边有细长的触手（tentacle）。有时会在水螅体壁外侧观察到一些突起，如果体内的消化循环腔（gastrovascular cavity）也连入突起中，此突起为无性繁殖的芽体（bud）；如果突起与消化循环腔不相通，圆锥形的为精巢，卵圆形的为卵巢。

可以吸取一些活的小水蚤放入水螅周边，观察其用触手捕食的过程。

2. 水螅带芽整装片观察

用放大镜可看到装片上的水螅外形。区别基盘、垂唇、触手；观察芽体与母体的关系；理解水螅的无性生殖。垂唇中央为口，身体中间颜色较浅的空腔为消化循环腔；注意触手上有许多隆起的部位，为刺细胞所在处。

3. 水螅纵切片（或横切片）观察

水螅的纵切片中（图3-2），消化循环腔两侧为水螅体壁，由外胚层（ectoderm）、内胚层（endoderm）及两者中间的一薄层中胶层（mesoglea）组成。水螅体壁只有两个胚层（二胚层动物）。转到高倍镜，观察体壁详细组成。

内、外胚层的主要组成为皮肌细胞（回忆皮肌细胞的概念）。外皮肌细胞（epitheliomuscular cell）排列紧密，细胞小，形状较规则；内皮肌细胞（endomuscular

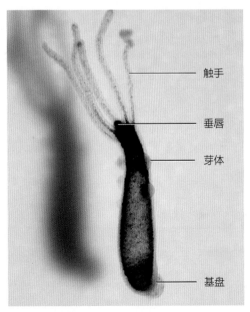

图3-1　水螅外形

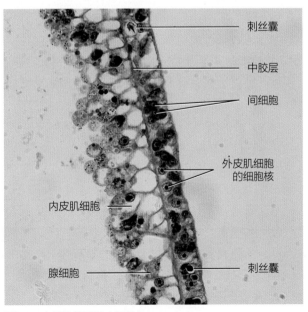

图3-2　水螅体壁纵切（局部）

cell）排列较疏松，细胞较大而长，形状不太规则，细胞内有许多染色较深的颗粒状圆形食物泡（food vacuole）。皮肌细胞的核较清晰。

外皮肌细胞中间有时会出现数个类似于皮肌细胞细胞核一样大小的细胞集在一起，可判定其为间细胞（interstitial cell）。间细胞为一类什么样的细胞？外胚层中还会看到一些圆形或椭圆形空囊，空囊中有一深色的针状或棒状或团块状的东西，此空囊为刺丝囊（nematocyst），位于刺细胞（cnidoblast）中，细胞质与核偏在一边（切片中不明显，一般只能看见刺丝囊）。刺细胞在哪个部位分布较多？水螅的内皮肌细胞中有无刺细胞？

内胚层除内皮肌细胞外，还可看到一种较小的细胞，其游离端略膨大，里面充满着深色颗粒，即为腺细胞（gland cell）。腺细胞的作用是什么？

感觉细胞与神经细胞在镜下不易辨别。

横切片中水螅体壁（图 3-3）的观察内容与纵切片相同。

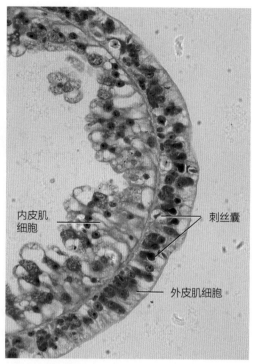

图3-3　水螅体壁横切（局部）

4. 水螅过精巢、卵巢切片

注意观察水螅精巢、卵巢在体壁上的部位，它们是由哪个胚层分化而来的？卵巢中可看见中间有一个大的卵细胞，而精巢内则充满小的颗粒状精细胞。水螅的有性生殖过程如何？

（二）涡虫（片蛭）活体及装片观察

1. 涡虫活体观察

用吸管吸取活的涡虫，连水带虫吹出至载玻片上，或者将涡虫放置于培养皿中，将玻片或培养皿放置在体视显微镜下观察，可以调节放大倍数来观察。三角涡虫（*Dugesia japonica*）体呈片状（图 3-4），前端三角形，两侧耳状突出为耳突（auricle）（耳突的作用是什么），有两个黑色眼点（eye spot）（涡虫趋光还是避光）。扁平的身体随着爬行可以拉长，身体中部隐约可见肌肉质的咽（pharynx）。从涡虫外形上来理解扁形动物开始具有了两侧对称体制。

2. 肠管注射装片观察

在低倍镜下观察涡虫肠管注射装片（消化系统内注有染色剂），可看到装片上黑色分支状的消化系统（图 3-5）：口、咽、肠，无肛门。身体后部 1/3

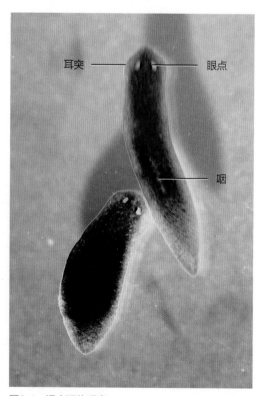

图3-4　涡虫活体观察

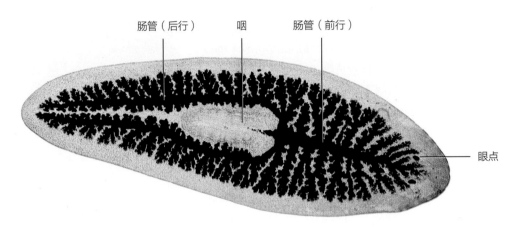

图3-5　涡虫肠管注射装片（示肠管）

处腹面中央有一肌肉质的咽，存在于空的咽囊（pharyngeal pouch）内，生活时可由咽囊内伸出或缩入。肠（intestine）分 3 支，1 支向前，2 支向后，每支又分出许多侧支。注意肠分支末端都为封闭的盲端（三角涡虫为三肠目种类）。身体其他部分在装片中基本透明，但可看出轮廓。

3. 涡虫横切片观察

观察涡虫横切片（图 3-6）：过咽部的横切片中，虫体正中间有一圆形、壁很厚（肌肉质）的咽，咽的中央空腔为消化道腔，咽外周的空腔为咽囊。体壁由外胚层形成的单层柱状表皮细胞（epidermic cell）和中胚层形成的环肌（circular muscle）、纵肌（longitudinal muscle）层组成。体壁之内充满实质组织（parenchyma tissue），实质组织中有的空腔为肠管管腔，有的细小管腔可能为排泄管管腔。

倍数放大观察体壁结构，表皮层表皮细胞排列紧凑，间杂有条形杆状体（rhabdite）

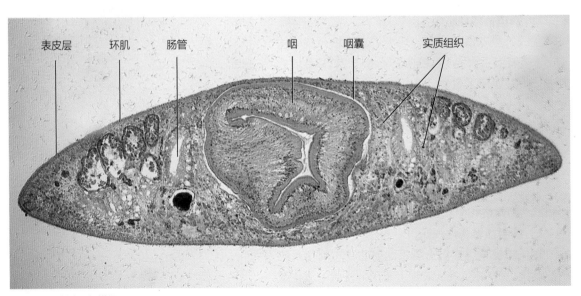

图3-6　涡虫过咽部横切

和囊状、含深色颗粒的腺细胞（gland cell）。腹面表皮细胞外有纤毛（cilium）。表皮细胞内为很薄的基膜（basement membrane）。基膜以内依次为环肌、纵肌，它们与表皮层（epidermis）成层地贴合在一起，形成皮肌囊（dermomuscular sac）。皮肌囊与肠壁间填充着实质组织，实质组织中还有贯穿其中、连接背腹体壁的背腹肌（dorsoventral muscles）。

内胚层为一单层柱状上皮（columnar epithelium）组成的肠上皮（intestinal epithelium）。

注意理解：扁形动物是三胚层无体腔动物；皮肌囊式的体壁。

紧贴腹面皮肌囊内面有两个纵神经索（longitudinal nerve cord）的断面，分别在两侧，对称出现，切片上不易观察到。涡虫的神经系统是怎样的？

（三）其他腔肠动物及扁形动物装片观察

1. 薮枝螅装片观察

薮枝螅（*Obelia*）形似植物（图 3-7），属腔肠动物水螅纲。树枝状的群体固着生活于海藻、岩石等物体上。基部有类似植物根的螅根（hydrorhiza），其上生出许多分支的茎——螅茎（hydrocaulus），螅茎上生长着许多水螅体（hydranth）和生殖体（gonangium）。水螅体管状，顶端有口，周围有一圈触手，负责捕食、营养；生殖体无口和触手，中间有一轴，称为子茎（blastostyle），子茎周围有盘状的生殖鞘（gonotheca），以出芽方式产生水母芽，成熟后脱离子茎成为自由生活的水母体。整个群体外面包裹一层透明的角质膜——围鞘（perisarc），螅茎及个体间连通有共同的消化循环腔——共肉（coenosarc）。

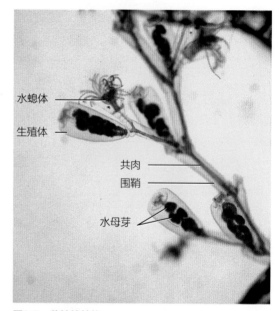

图3-7　薮枝螅结构

水螅体

生殖体

共肉

围鞘

水母芽

2. 吸虫和绦虫装片观察

华支睾吸虫（*Clonorchis sinensis*）：也叫华肝蛭，成虫可寄生于人体肝的胆管内，结构如图 3-8。

肝片吸虫（*Fasciola hepatica*）：亦称羊肝蛭（图 3-8），成虫寄生在牛、羊及其他草食动物和人肝的胆管内，分布广泛。

日本血吸虫（*Schistosoma japonicum*）：成虫寄生于人体及多种哺乳动物的肝门静脉和肠系膜静脉系统中。雌雄异体，雄虫较粗短，两侧体壁向外延展并向腹面卷折而成沟槽，称抱雌沟，交配时雌雄合抱（图 3-9）。

猪带绦虫（*Taenia solium*）：扁平的身体由许多节片组成，前端为头节，有顶突、小钩和 4 个吸盘（图 3-10），为其幼虫阶段囊尾蚴的头节翻出后吸附于人小肠壁上形成。

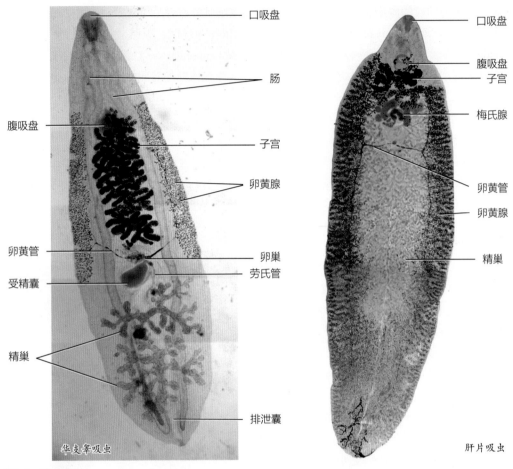

图3-8　吸虫结构

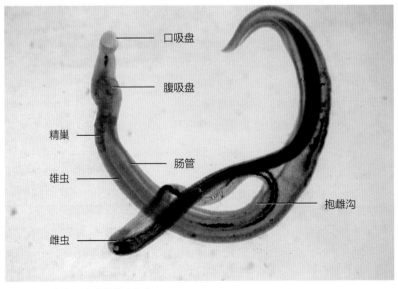

图3-9　日本血吸虫（雌雄合抱）

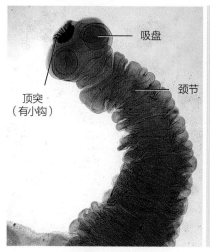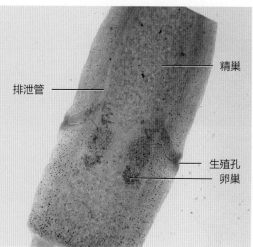

图3-10　猪带绦虫头节和成熟节片

五、作业与思考

1. 绘制水螅纵切或横切片中体壁结构图，标出主要组成细胞。
2. 总结腔肠动物的体制、生活方式、摄食消化过程、刺激反应及生殖过程。
3. 水螅的消化循环腔与海绵动物的中央腔有何区别？
4. 涡虫的皮肌囊组成如何？
5. 观察日本血吸虫、肝片吸虫整装片，了解这些寄生扁形动物的结构，并了解其生活史；总结吸虫与绦虫适应寄生生活的特征。
6. 仔细在显微镜下观察华支睾吸虫整装片和猪带绦虫的节片装片，完成下表中的内容。

	华支睾吸虫	猪带绦虫
吸附结构		
消化系统		
排泄系统		
生殖系统		

蛔虫和蚯蚓横切片观察

一、实验原理

蛔虫为假体腔动物，蚯蚓为真体腔动物。真体腔出现后，使得体腔内、外两面（靠体壁和肠壁）都有了中胚层形成的结构。不仅体壁有了中胚层形成的肌肉层，肠壁上也有了中胚层形成的肌肉层和肠壁体腔膜。而蛔虫这类假体腔动物，只有体壁上有中胚层形成的肌肉层，肠壁只是一层内胚层形成的肠上皮（柱状上皮细胞）。

蛔虫作为一种寄生生活的动物，生殖系统特别发达。在假体腔中充满了细管状的生殖系统：管状的卵巢、输卵管、子宫；管状的精巢、输精管和储精囊。蛔虫作为一种线虫，体壁纵肌层也有独特之处。

二、实验目的

1. 通过观察蛔虫和蚯蚓的横切片，掌握三胚层假体腔和真体腔的区别。
2. 观察蛔虫横切片，掌握线虫动物的主要特征。
3. 观察蚯蚓横切片，掌握环节动物的一些特征。

三、实验用具及材料

1. 普通光学显微镜。
2. 蛔虫横切片，蚯蚓横切片。

四、实验操作与观察

（一）蛔虫横切片观察

1. 假体腔及生殖系统观察

在雌、雄蛔虫横切片中（图 4-1、图 4-2），体壁向内为原体腔（primary coelom）（假体腔，pseudocoel），充满体腔液，假体腔中可以看到有许多圆管状切面。

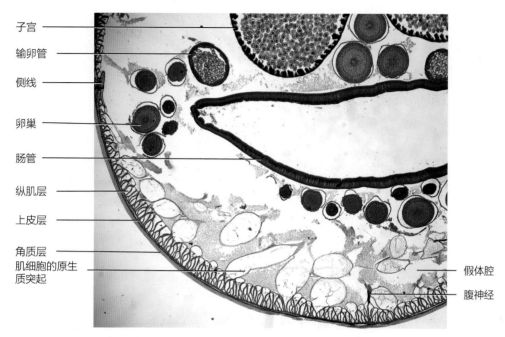

子宫
输卵管
侧线
卵巢
肠管
纵肌层
上皮层
角质层
肌细胞的原生质突起
假体腔
腹神经

图4-1 雌蛔虫横切（局部）

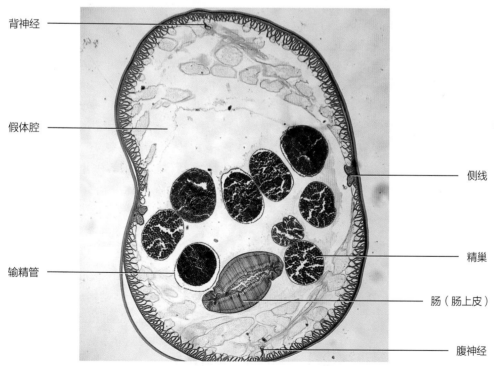

背神经
假体腔
输精管
侧线
精巢
肠（肠上皮）
腹神经

图4-2 雄蛔虫横切

（1）**消化管（肠管）**（intestine） 体腔中央处，扁圆形管道，由单层柱状肠上皮细胞构成（图 4-3），肠上皮细胞的细胞核排列整齐。

（2）**生殖腺**（gonad）**及生殖导管**（reproductive duct）

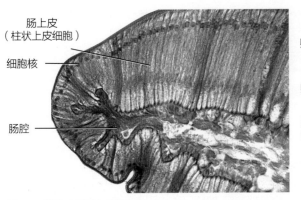

肠上皮
（柱状上皮细胞）

细胞核

肠腔

卵巢管壁（膜）

卵原细胞

卵原细胞
细胞核

图4-3　雌蛔虫肠壁与卵巢结构

①雌性

卵巢（ovary）：切面呈车轮状，由辐射状排列的卵原细胞组成，中心有轴，卵原细胞的细胞核排列成一圈（图 4-3）。

输卵管（oviduct）：圆形切面，较小，管壁薄，数目较多。

子宫（uterus）：一般可看到两个粗大的圆形切面，内有卵粒。

②雄性

精巢（spermary, testis）：切面圆形，较小，壁薄，内充满颗粒（见图 4-2）。

输精管（spermaduct）：圆形切面，壁稍厚。

储精囊（seminal vesicle）：一般可看到一个，切面粗大，内含精子。

2. 体壁结构观察

在高倍镜下观察蛔虫横切片（包括雌雄），蛔虫体壁由外向内依次为（图 4-4）：

（1）**角质膜**（cuticle）　非细胞结构，半透明，较厚。

（2）**上皮层**（epidermis）　细胞界限不明显，为合胞体结构。

（3）**纵肌层**（longitudinal muscle）厚，每个纵肌细胞分为基部的肌纤维所在的收缩部（contractile portion）和端部细胞核所在的原生质部（protoplasmic portion）。原生质部有突起，突起大都横向连于神经，尤其在背腹神经两侧更为明显（见图 4-2、图 4-5）。

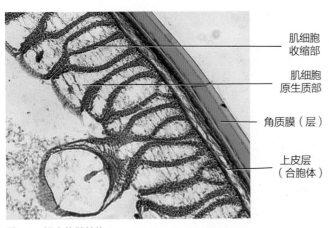

肌细胞
收缩部

肌细胞
原生质部

角质膜（层）

上皮层
（合胞体）

图4-4　蛔虫体壁结构

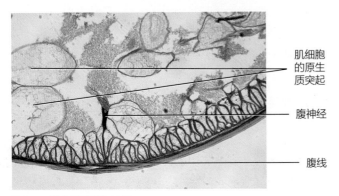

肌细胞
的原生
质突起

腹神经

腹线

图4-5　蛔虫纵肌层与神经

（4）**体线**（body cord）　4 条纵行，由上皮层向内突出增厚形成。侧线（lateral line）中的空管为纵排泄管（excretory duct）；背、腹线（dorsal and ventral line）中为背、腹神经（图 4-5），腹神经较背神经粗大，以此来区分横切面的背、腹。

（二）蚯蚓横切片观察

1. 横切片整体观察

蚯蚓横切片中，外围体壁，中央空管为肠管，体壁和肠壁之间为真体腔（图 4-6、图 4-7）。

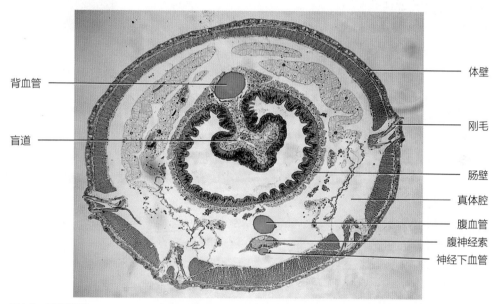

背血管

盲道

体壁

刚毛

肠壁

真体腔

腹血管

腹神经索

神经下血管

图4-6　蚯蚓横切

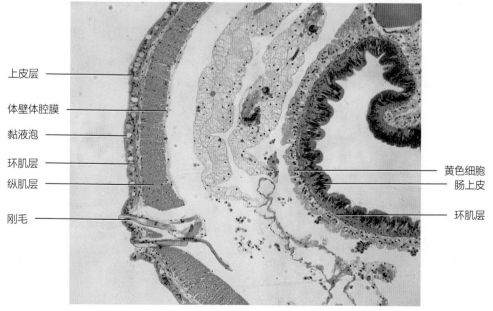

上皮层

体壁体腔膜

黏液泡

环肌层

纵肌层

刚毛

黄色细胞

肠上皮

环肌层

图4-7　蚯蚓真体腔

（1）血管（红色）

背血管（dorsal vessel）：位于盲道上方，较粗，四周有黄色细胞。

腹血管（ventral vessel）：位于肠管下方。

神经下血管（subneural vessel）：腹神经索下方一细的血管。

腹神经索（ventral nerve cord）：位于腹血管下方。椭圆形断面上有三个并排的较大的圆形空管状结构，为**巨大神经纤维**（giant axon）的切面。

（2）盲道　肠管在背部向内凹成一纵槽，即为盲道（typhlosole），盲道的作用是什么？

（3）肾管　位于真体腔内，有些种类的蚯蚓每个体节至少有一对后肾管（metanephridium）。

体壁中有时可见到一些突出于体表的刚毛（setae）以及位于肌肉层中的刚毛囊。

2. 体壁和肠壁组成

在显微镜下观察蚯蚓体壁及肠壁，由外向内主要结构如下（图4-8）。

（1）体壁

角质膜（cuticle）：一层非细胞结构的透明薄膜（有可能在切片制作过程中丢失）。

上皮层（epidermis）：单层柱状上皮细胞组成，夹杂有圆囊状的黏液腺细胞（体现为空泡状）。

环肌层（circular muscle）：肌纤维呈红色线状，环绕成较薄的一层。

纵肌层（longitudinal muscle）：较厚，可看到肌纤维的点状断面。

体壁体腔膜（parietal peritoneum）：体壁最内层，薄，为单层扁平上皮细胞组成。

（2）真体腔　真体腔位于体壁与肠壁之间，充满体腔液。

（3）肠壁

脏体腔膜（visceral peritoneum）：较厚，特化为黄色细胞（chloragogen cell）。

纵肌层：可看到一些零星稀疏的肌纤维的红色点状断面。

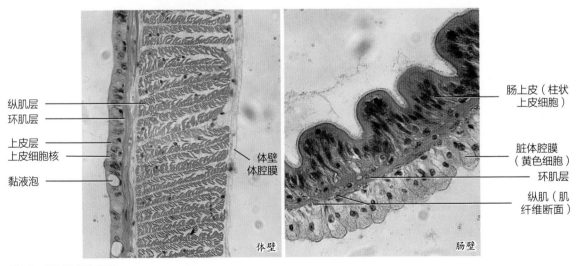

图4-8　**蚯蚓体壁与肠壁**

环肌层：红色环线状，较明显。

肠上皮（intestinal epithelium）：排列紧密的单层柱状上皮细胞组成。

五、作业与思考

1. 绘制蛔虫或蚯蚓横切面结构图。
2. 蛔虫体壁有无环肌层？其肌细胞与神经之间的关系有何特殊之处？
3. 对比蛔虫和蚯蚓的横切面，总结真体腔、假体腔在体壁和肠壁结构上的差别。

蛔虫和蚯蚓解剖

一、实验原理

蛔虫是线虫动物门的代表物种，也是典型的假体腔动物，又是寄生生活的种类。线虫动物身体呈圆筒形，也叫圆虫；蛔虫雌雄异体，外形特征有差别。假体腔动物在肠壁上没有中胚层，因此蛔虫消化道很简单，在体腔内为一单层柱状上皮细胞构成的肠管。蛔虫适应寄生生活，生殖系统很发达，同时其生殖腺（精巢和卵巢）为独特的细管状，在假体腔中充满了生殖系统的管状结构。

蚯蚓属于环节动物，雌雄同体，适应土壤中的穴居生活。环节动物为典型的真体腔动物，真体腔使得肠壁上也有了中胚层的结构，有了结构分化的物质基础，因此蚯蚓的消化道分化比较复杂。真体腔出现后，动物体出现了循环系统，蚯蚓的循环系统为闭管式循环；神经系统也是高等无脊椎动物的特点，为链索状神经系统。

二、实验目的

1. 通过蛔虫外形观察及解剖，了解线虫动物身体结构及特征。
2. 通过蚯蚓外形观察及解剖，了解环节动物的结构与特征。
3. 通过蛔虫和蚯蚓的解剖，学习蠕虫类的解剖方法；比较真、假体腔动物结构特征的差异。

三、实验用具及材料

▶ 解剖工具的
介绍

1. 体现显微镜，放大镜，蜡盘，大头针。
2. 解剖工具（解剖剪、解剖刀、镊子、解剖针）。
3. 猪蛔虫（雌、雄）和环毛蚓的浸制标本。

四、实验操作与观察

（一）蛔虫外形观察与解剖

1. 外形观察

提前将福尔马林液浸制的蛔虫标本取出，放在水中浸泡、冲洗，以去除药液。

将冲洗后的雌雄蛔虫各一条放于蜡盘中（图 5-1），借助放大镜或体视显微镜观察外形。

雌雄区别：雌虫，较粗大，生殖孔在体前端 1/3 处腹中线处；雄虫，较细小，虫体后端向腹面卷曲，体末端泄殖腔处有交合刺。

虫体乳白色圆筒状，表面为一层透明角质层（cuticle），体表有细环纹；最前端有口，口周围有唇瓣（lip）及乳突，雌性虫体后端腹面有一横开的肛门（anus），雄

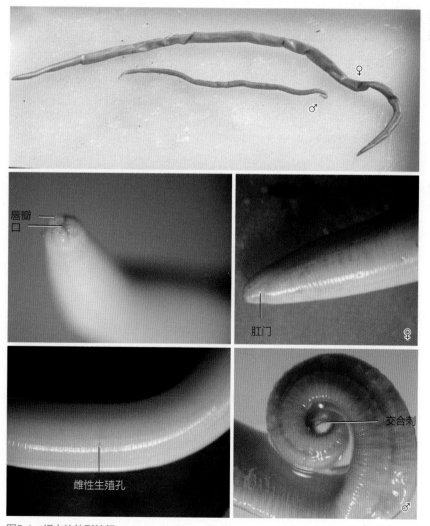

图5-1　蛔虫的外形特征

性体末端泄殖腔内有交合刺（copulatory spicule）一对；雌性生殖孔（female genital pore）在体前端 1/3 处腹面中线上。排泄孔在体前端离腹唇 2 mm 处，不易看到。虫体体壁内有 4 条纵线，其中两条侧线（lateral line）较粗且明显，从虫体外可清楚看到；背线（dorsal line）和腹线（ventral line）不明显。

2. 内部解剖

▶ 蛔虫解剖

区别虫体的前后、背腹，从虫体靠后端沿背部中线偏右侧处剪开或划开，向前、向后剪开体壁，用大头针将蛔虫固定在蜡盘上。大头针插入角度约 45°，针帽向两侧，将体壁从内侧压展开（图 5-2）；大头针左、右相互错开，不要太密或太疏。展开后，加清水于蜡盘中，水略盖过虫体，这样便于清楚观察其内部结构。

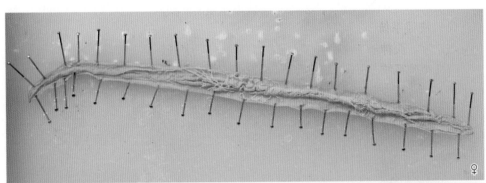
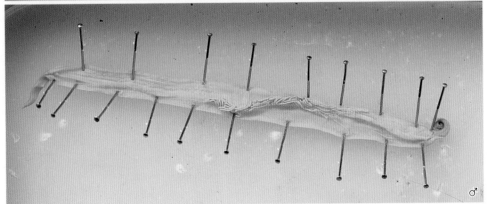

图5-2 雌、雄蛔虫的解剖

划开体壁时，注意其体表透明角质层的存在。蛔虫体壁内面为一层绒絮状结构，为蛔虫体壁纵肌层（图 5-3）。用解剖针在体壁腹中线处拨开纵肌层，可见到一纵线，为腹神经索（ventral nerve cord）所连的体壁腹线，背线较腹线细，在背部正中间。侧线可直接看到。

（1）消化系统（digestive system） 单根，细长扁平管状，由口、咽（黄白色略膨大）、肠、肛门（雄性为泄殖腔孔）组成。

（2）排泄系统（excretory system） 管型，两条纵排泄管位于两条侧线中（图 5-3），

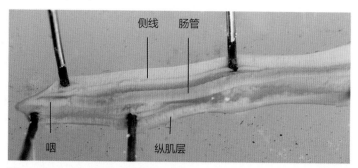

图5-3　蛔虫的内部结构（示消化系统）

在体前端汇合，以排泄孔通向体外。

（3）神经系统（nervous system）　圆筒状，围咽神经环向前、向后发出六条神经，其中背、腹神经可观察到，连于背、腹线。

（4）生殖系统（reproductive system）　雌雄异体，生殖腺管状（图 5-4、图 5-5）。

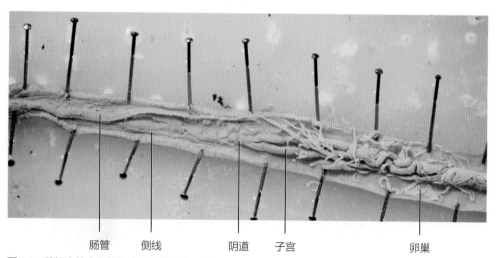

图5-4　雌蛔虫的内部结构（示雌性生殖系统）

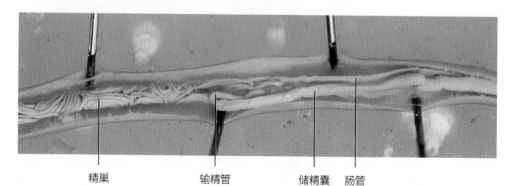

图5-5　雄蛔虫的内部结构（示雄性生殖系统）

雌性：双管型，体前端 1/3 腹中线处有雌性生殖孔，生殖孔向体内连有一短的阴道，其后分开为两条弯曲的粗管，为子宫；两条子宫向后延伸，到体后部变细，即为两条输卵管；输卵管在体内前后折叠，输卵管之前为两条更细的管状卵巢，体内可看到的众多折叠弯曲的细管，即为卵巢或输卵管。

雄性：单管型，雄性生殖孔开口于泄殖腔，生殖孔向前依次连有单根管状的储精囊、输精管与细长的管状精巢，其中储精囊较粗大。

（二）蚯蚓外形观察与解剖

1．外形观察

环毛蚓体呈长圆筒状（图 5-6），由许多体节组成，体节与体节之间在体外有节间沟（intersegmental furrow）；每一体节中部有一圈刚毛环（setae）（用手指触摸体表可感觉到）。体表有一层白色黏膜为角质膜（cuticle）。

虫体较粗壮结实的一端为前端，性成熟个体在前端第 14～16 体节表面有光滑隆肿的宽带为环带（clitellum），环带有何作用？虫体颜色较浅的一面为腹面。体前端第一节为围口节（peristomium），中间有口，口的背侧有肉质略前突的口前叶（prostomium）。口前叶有什么作用？

在体前端腹面，第 5/6～8/9 体节的节间沟两侧有受精囊孔（spermathecal orifice）

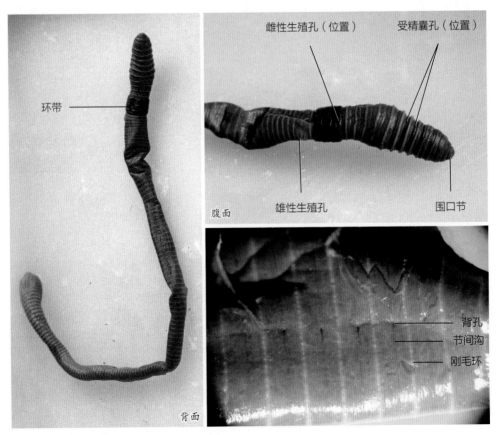

图5-6　蚯蚓的外形特征

2～4 对（种类不一样，受精囊孔数目有差异，有的种类只有后 2 对或后 3 对）。雌性生殖孔（female genital pore）在第 14 体节腹面正中间（即环带前端腹面中间）；雄性生殖孔（male genital pore）在第 18 体节腹面两侧各有一个，雄性生殖孔与受精囊孔的周边有小的生殖乳突。结合这些与生殖有关的结构，描述一下蚯蚓的交配受精过程。

　　虫体最后端的开口为肛门（anus）。在蚯蚓体背部，从第 11/12 体节节间沟开始向后的每一节间沟背中线处都有一开孔，为背孔（dorsal pore）（用手指轻轻挤压虫体背孔两侧，从背孔中可冒出液体）。背孔对蚯蚓的生活有何作用？

2. 内部解剖

　　使虫体背部朝上，用解剖刀在身体中后部沿背中线偏右侧划开（避开背中线处的背血管），然后用剪刀从后向前剪开体壁，剪开时应刀尖向上挑，以防戳破体内消化道及其他结构。虫体前部体壁厚，可用解剖刀划开体壁后，用镊子提起体壁，切断体内隔膜与体壁间的联系（体前部隔膜厚，而且精、卵巢等许多结构位于体前部，故要细心），再将体壁向两侧展开，用大头针固定压展在蜡盘上（固定方法与蛔虫解剖相同）。展开后加清水于蜡盘中，略盖过虫体。蚯蚓身体为同律分节，在身体中部以后体内结构按体节重复排列，因此内部结构从身体中部向前进行解剖观察即可（图 5-7）。

▶ 蚯蚓解剖

　　（1）隔膜（septum）　体节与体节之间在体内相互分隔的一层薄膜。

　　（2）消化系统（digestive system）

　　咽（pharynx）：梨形，肌肉质。

　　食道（esophagus）：细长管状，第 6～8 节。

　　嗉囊（crop）：不明显。

　　砂囊（gizzard）：球状，肌肉发达，硬；第 9～10 体节。

图5-7　蚯蚓的内部解剖

肠（intestine）：长管状，11体节以后。

盲肠（caecum）：在27体节处的肠管两侧，有一对突向前的圆锥状的盲管，即盲肠。盲肠对蚯蚓有何作用？

（3）循环系统（circulatory system） 血管内血液凝固而使血管颜色黑红（图5-8）。

背血管（dorsal vessel）：紧贴在肠管背面中央，血液由后向前行。

腹血管（ventral vessel）：紧贴于肠管腹面中央，血液由前向后行。

心脏（heart）：为连接背、腹血管的4对环血管，分别位于第7、9、12、13体节内，环绕消化道。心脏（环血管）数目与所在位置存在变异。

神经下血管（subneural vessel）：位于腹神经索下的一条很细的血管。

在体壁内侧及消化道表面都可看到一些微细的血管分支。

蚯蚓的循环系统为开管式还是闭管式？

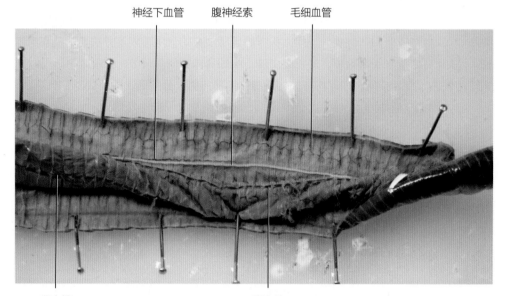

图5-8　蚯蚓体中部结构（示血管）

（4）生殖系统（reproduction system） 雌雄同体（图5-9）。

①雌性

卵巢（ovary）：1对，在第13体节的前缘，紧贴于12/13体节隔膜之后方（环带前一体节），腹神经索的两侧，薄片状，很小，不易观察到。

卵漏斗（oviduct funnel）：1对，13/14体节隔膜之前，皱纹状，很小。

输卵管（oviduct）：1对，极短，在第14体节内汇合后，通向雌性生殖孔。

受精囊（seminal receptacle）：2～4对，分布于5/6～8/9体节隔膜的前或后，每个受精囊由一椭球状的梨状坛囊及其旁边的弯曲盲管组成。

②雄性

精巢囊（seminal sac）：2对，位于第11、12节内，腹神经索两侧，圆球状。每

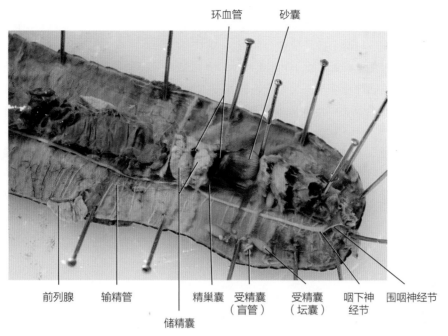

图5-9 蚯蚓体前部结构（示生殖系统）

囊包含 1 个精巢（testis）和 1 个精漏斗（sperm funnel）。用针挑破精巢囊，用流水冲去囊内物质，在解剖镜下可见到囊前方内壁上有一小的白色点状物即为精巢，其后皱纹状的结构即为精漏斗，由此向后与输精管相通。

　　储精囊（seminal vesicle）：2 对，紧接在精巢囊之后，大而明显，呈分叶状。

　　输精管（sperm duct）：2 条，连接前、后精巢囊，呈细线状，向后通于雄性生殖孔。

　　前列腺（prostate gland）：2 个，呈分叶状，大而发达，位于第 18 体节及其前后的几节内、2 个雄性生殖孔的旁边。前列腺管与输精管汇合后，通于雄性生殖孔。

　　（5）神经系统（nervous system）　在肠管下腹面正中央有一条白色的线状腹神经索。将消化道小心向前揭起至咽，小心剥离出神经系统（图 5-10）。

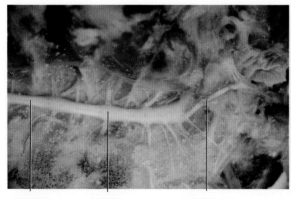
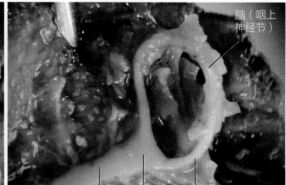

图5-10 蚯蚓的神经系统

脑（咽上神经节，suprapharyngeal ganglion）：较长而膨大，紧贴在咽的背面，白色，由左、右两个神经节愈合而成。

围咽神经（circumpharyngeal nerve）：由脑神经节向两侧发出的两条神经，围绕咽形成白色的神经环。

咽下神经节（subpharyngeal ganglion）：围咽神经在咽的腹面下方汇合而成的膨大神经节。

腹神经索（ventral nerve cord）：咽下神经节向后发出的一白色链状神经索，在每一体节中部略膨大为神经节。

（6）排泄系统（excretory system）　后肾管型的排泄系统。在环毛蚓属的蚯蚓体内由分布在隔膜、体壁内侧的众多小肾管组成，解剖时看不见。

五、作业与思考

1. 比较蛔虫与蚯蚓的消化系统有何不同，这种不同是由什么引起的？
2. 比较蚯蚓和蛔虫的外形与结构，说明它们与各自生活方式相适应的特征。

河蚌外形观察与解剖

一、实验原理

河蚌为软体动物门（Mollusca）瓣鳃纲（Lamellibranchia）（双壳纲）种类，其柔软的身体靠外套膜分泌的两个贝壳来保护。河蚌是将身体埋在泥沙中生活的淡水动物，靠其发达的足来挖掘；外套腔中发达的瓣鳃结构特殊，可产生水流来完成滤食、呼吸等生命过程。河蚌近似于固着生活，因此没有头部（无头类）；开管式循环，围心腔腹面有 1 对囊状的肾作为排泄器官。本实验解剖的河蚌为背角无齿蚌（*Anodonta woodiana*），是我国常见的种类，也可作为淡水育珠蚌类。

二、实验目的

通过对河蚌的外形观察及内部解剖，了解软体动物的一般结构与特征。

三、实验用具及材料

1. 普通光学显微镜，体视显微镜，放大镜，蜡盘，解剖工具，载玻片，盖玻片，吸管。
2. 墨水。
3. 河蚌活体或浸制标本。

四、实验操作与观察

（一）活体观察

活体观察主要包括对河蚌呼吸、运动及心率的观察。

在安静无振动的情况下，观察生活在培养缸中的河蚌运动情形（肉足伸缩）。在河蚌的后端以吸管轻轻加注数滴稀释的墨水，观察河蚌入水管、出水管水流流动的情况。振动培养缸，可见河蚌肉足收缩、紧闭双壳的情形。

将活体河蚌近壳顶围心腔处的贝壳磨掉，用镊子轻轻撕开此处的外套膜，使围心腔及心脏暴露出来，但要防止挑破心脏。观察心脏规律性的跳动。

（二）外形观察

取浸制标本，提前用水冲去药液，放入蜡盘中观察。

壳左、右两瓣，等大，近椭圆形，前端钝圆，后端稍尖（图6-1）；两壳铰合的一面为背面，分离的一面为腹面。

壳顶（umbo）：壳背方隆起的部分，略偏向前端。

生长线（growth line）：壳表面以壳顶为中心，与壳的腹面边缘相平行的弧线。

韧带（ligament）：角质，褐色，具韧性，为左、右两壳背方相连的部分。

（三）内部结构观察

▶ 河蚌解剖

如图6-2所示，用解剖刀刀柄自两壳腹面中间合缝处插入，扭转刀柄，将壳撑开，然后插入镊子柄取代刀柄，取出解剖刀，以刀柄将壳内表面紧贴贝壳的外套膜与贝壳轻轻分离。再以刀锋紧贴贝壳伸入并切断近背缘处的前、后闭壳肌，便可揭开贝壳，进行下列观察。此项操作若有开壳器，则更容易、方便。

1. 外部结构观察

打开贝壳后，如图6-3（固定好的标本），观察前、后闭壳肌，伸足肌，缩足肌，了解围心腔的位置。然后将一侧的外套膜揭起，如图6-4（新鲜标本），观察外套膜、

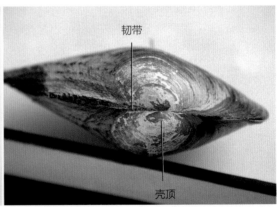

图6-1　河蚌外形

1. 刀柄或镊子柄插入后扭转，撑开两壳　　2. 解剖刀从贝壳和外套膜间深入，切断闭壳肌

图6-2　河蚌的解剖方法

鳃、唇片和足，了解外套腔和入水管、出水管的形成。掰取一小片贝壳，观察、了解贝壳的结构。

（1）闭壳肌（adductor） 体前、后端各有一大的肌肉柱，在贝壳内表面留有横断面痕迹。

（2）伸足肌（pedal protractor muscle）为紧贴前闭壳肌内侧腹方的一小束肌肉，可在贝壳内面见其断面痕迹。

（3）缩足肌（pedal retractor muscle）为前、后闭壳肌内侧背方的小束肌肉，贝壳内面可见其断面痕迹。

（4）外套膜（mantle）和外套腔（mantle cavity） 外套膜薄，左、右各一片，两片间包含的空腔为外套腔。

（5）外套线（pallial line） 贝壳内面靠近贝壳腹缘的弧形痕迹，是外套膜边缘附着于贝壳上所留下的痕迹。

（6）入水管（inhalant siphon）与出水管（exhalant siphon） 外套膜的后缘部分合抱形成的两个短管状结构，腹方的为入水管，背方的为出水管。入水管具感觉乳突。用解剖针通入出水管、入水管，可观察它们分别通向何方。

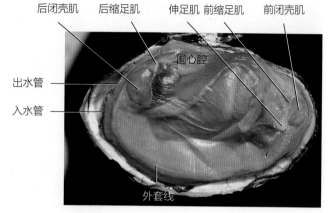

图6-3 河蚌内部结构

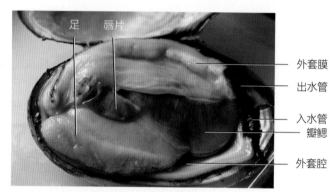

图6-4 河蚌内部结构（揭开一侧的外套膜）

（7）足（foot） 位于两外套膜之间，斧状，富有肌肉。

（8）贝壳（conch） 分3层，最内一层富珍珠光泽，由霰石构成，为珍珠质层（pearl layer）；最外一层薄为壳皮层（periostracum），有色泽，主要成分是贝壳硬蛋白；中间一层为棱柱层（prismatic layer），厚度均匀，由致密方解石构成。

2. 器官系统观察

先观察呼吸系统、循环系统、排泄系统的结构，然后捏住足基部，用解剖刀沿足棱（足的最下边缘）向内纵切，切至足基部、接近围心腔腹面，切开后观察消化系统、生殖系统的结构。

（1）**呼吸系统**（respiratory system）（图 6-5）

瓣鳃（lamellibranchia）：将外套膜向背方揭起，可见足与外套膜之间各有两个瓣状的鳃，即鳃瓣，每侧两个瓣鳃中分为外鳃瓣和内鳃瓣。用剪刀从活体河蚌上剪取一小片鳃瓣，浸于水滴中，置于普通光学显微镜下观察，其表面是否有纤毛在摆动？这些纤毛对河蚌的生活有何作用？

鳃小瓣（lamella）：每一鳃瓣有两片鳃小瓣合成，外侧的为外鳃小瓣，内侧的为

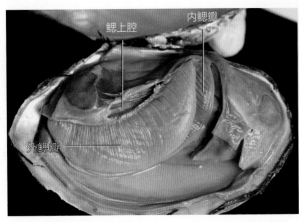
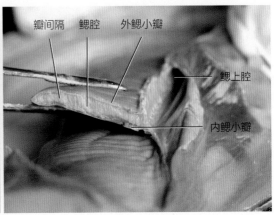

图6-5　河蚌鳃的结构

内鳃小瓣。内、外鳃小瓣在腹缘及前、后缘彼此相连，中间则有瓣间隔把它们分开。

瓣间隔（interlamellar junction）：为连接两片鳃小瓣的垂直隔膜，把鳃小瓣之间的空腔分隔成许多鳃水管（water tube）。

鳃丝（branchial filament）：鳃小瓣上许多背、腹纵走的细丝。

丝间隔（interfilamental junction）：鳃丝间相连的部分，其间分布有许多鳃小孔（ostium），水由此进入鳃水管。

鳃上腔（suprabranchial chamber）：鳃瓣背方的空腔，水由鳃水管经鳃上腔向后至出水管排出。

有时鳃瓣特别肥大，是何原因？取一点内容物可在显微镜下观察。

（2）**循环系统**（circulatory system）（图 6-6）

围心腔（pericardial cavity）：内脏团背侧，贝壳铰合部附近有一透明的围心膜，其内的空腔为围心腔。

心脏（heart）：位于围心腔内，由一心室（ventricle）、两心耳（atrial auricle）组成。其中心室为长圆形富有肌肉的囊，能收缩，心室中有直肠穿过。两心耳在心室

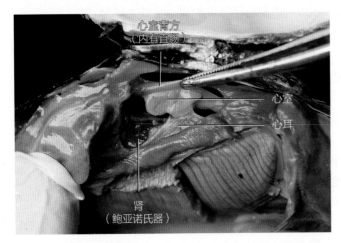

图6-6　河蚌的心脏和肾

两侧靠下方，呈三角形透明薄壁囊（略提起心室便可看到，打开围心腔时需小心，否则心室、心耳很容易断开）。

动脉（artery）：由心室向前、向后发出两条大动脉，沿直肠走向并将直肠包于其内。

（3）**排泄系统**（excretory system）

肾（鲍亚诺氏器，organ of Bojanus）：1 对，位于围心腔腹面左、右两侧，由肾体及膀胱组成。沿鳃的上缘剪除外套膜及鳃即可看到。肾体紧贴于鳃上腔上方，黑褐色，海绵状（图 6-6）；

前端以肾口开口于围心腔前部腹方，可用解剖针通探察看。膀胱位于肾体背方，壁薄，末端有肾孔（排泄孔）开口于内鳃瓣的鳃上腔，与生殖孔靠近（将肾体浸入水中可看到）。

围心腔腺（凯伯尔氏器，Keber's organ）：位于围心腔前端两侧，分支状，略呈黄褐色（解剖时不易观察到）。

（4）**生殖系统**（reproductive system）河蚌雌雄异体。

雌雄生殖腺均位于足基部的内脏团中、肠的周围。用手术刀除去内脏团的外表组织，可见到黄色的卵巢（ovary）（图6-7）或白色的精巢（spermary）（图6-8）。左、右两侧生殖腺各以生殖孔开口于内鳃瓣的鳃上腔内、排泄孔的前下方。

（5）**消化系统**（digestive system）河蚌消化系统由口（mouth）、食道（esophagus）、胃（stomach）、肠（intestine）、直肠（rectum）、肛门（anus）及肝（liver）组成（图6-7）。

口位于前闭壳肌腹侧，横裂缝状，口两侧各有两片内、外排列的三角形唇片（唇片有何功用）。口后接短的食道；

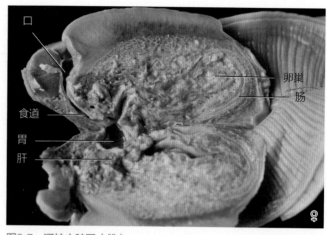

图6-7　河蚌内脏团（雌）

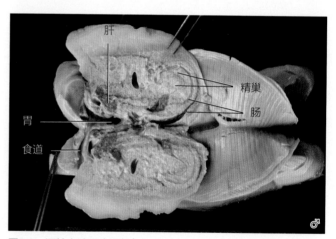

图6-8　河蚌内脏团（雄）

食道后为膨大的胃。胃周围分布有绿色的肝。肠管盘曲折行于足基部的内脏团中。胃肠之间有时可见到一胶质透明的结构，即为晶杆（crystalline style）。肠延伸折向背方成为直肠，穿过心室中央，最后以肛门开口于后闭壳肌背方、出水管的附近。

（6）**神经系统**（nervous system）　河蚌神经系统不发达，主要由3对分散的神经节组成，包埋于组织中，解剖时不易观察到。

脑侧神经节（cranial ganglion）：为脑神经节和侧神经节合并而成，位于食道两侧，前闭壳肌与伸足肌之间，用尖头镊子小心撕去该处少许结缔组织，并轻轻掀起伸足肌，即可见到淡黄色的神经节。

足神经节（pedal ganglion）：埋于足部肌肉的前1/3处，紧贴内脏团下方中央。用解剖刀在此处做一"十"字形切口，逐层耐心地剥除肌肉，在内脏团下方边缘仔细寻找，并用棉花吸去渗出液，即可见到两足神经节并列于其内。

脏神经节（visceral ganglion）：呈蝴蝶状，紧贴于后闭壳肌下方，用尖头镊子将表面的一层组织膜撕去即可见到。

沿着 3 对神经节发出的神经仔细剥离周围组织，在脑、足神经节，脑、脏神经节之间可见有神经连接。

五、作业与思考

1. 说明水流对河蚌营泥沙栖居生活有哪些方面的意义。
2. 总结软体动物的主要特征。

蝗虫外形观察与解剖

一、实验原理

蝗虫属于节肢动物门（Arthropoda）昆虫纲（Insecta），身体分为头、胸、腹部，三对足、两对翅。包裹全身的几丁质外骨骼分为背板、侧板和腹板。感觉器官包括一对触角、复眼、单眼和鼓膜听器。呼吸系统的气门开口于身体两侧。雌雄个体在腹部最末端结构差异明显，这些都是昆虫纲动物典型的外部形态特征。开管式循环系统有较为明显的背血管（作为心脏），发达的气管系统遍布身体各处组织中，中后肠交界处发出的马氏管是排泄器官，消化腺为葡萄状的唾液腺，具有典型的链索状神经系统，这些特征是在昆虫解剖及内部结构观察中需要特别关注的。昆虫也是适应飞行生活、适应陆生生活的节肢动物，有着与之相适应的特征。本实验解剖的是棉蝗（*Chondracris rosea*）浸制标本，属于直翅目（Orthoptera）蝗科（Acrididae），个体大，广泛分布于亚洲。

二、实验目的

1. 通过对蝗虫的外形观察及内部解剖，掌握节肢动物门昆虫纲动物的主要特征。
2. 通过观察和解剖，了解昆虫适应陆生及飞行生活的特征。

三、实验用具及材料

1. 普通光学显微镜，体视显微镜，放大镜，蜡盘，解剖工具，载玻片，盖玻片，培养皿。
2. 棉蝗浸制标本。

四、实验操作与观察

（一）外形观察

将浸制的棉蝗标本提前取出后放在流水中冲洗，去除药液，然后放入蜡盘中。

浸制的棉蝗体呈黄褐色，活体一般呈青绿色。雌雄异体，雌虫比雄虫个体大。蝗虫身体明显分为头部（head）、胸部（thorax）、腹部（abdomen）3 部分（图 7-1），体壁为几丁质外骨骼（chitinous exoskeleton）。

1. 头部

头部是棉蝗的感觉摄食中心（图 7-2）。

复眼（compound eye）：1 对，较大，椭圆形，位于头部两侧。用刀片从复眼表面切下一薄片，放在载玻片上，滴 1 滴水，在普通光学显微镜低倍镜下观察，可见到组成复眼的许多小眼。小眼的形状如何？

单眼（ocellus）：3 个，小，黄色，1 个在额中央，2 个在两复眼内侧上方。单眼和复眼的功能有何差异？

触角（antenna）：1 对，细长，呈丝状，位于额上部两复眼内侧。

口器（mouthparts）：蝗虫为典型的咀嚼式（chewing）口器，由上唇（labrum）、上颚（mandible，又称大颚）、下颚（maxilla，又称小颚）、下唇（labium）、舌（hypopharynx）5 部分组成（图 7-3）。

左手持蝗虫，使其腹面向上，拇指和食指将其头部夹稳，右手用镊子自前向后将口器各部分取下（注意不要硬撕，取大颚时，可用解剖刀刀尖在大颚根部扎、切几下后再取下）。按前、后位置放在蜡盘中（图 7-3），用放大镜观察口器。口器各部分分

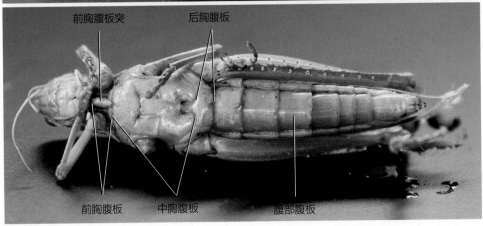

图7-1　蝗虫外形

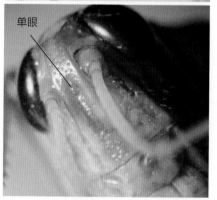

图7-2　蝗虫的头部

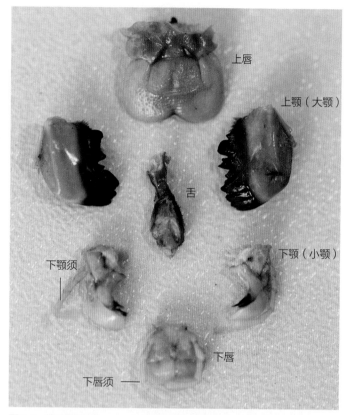

图7-3　蝗虫的口器

别有何作用?

2. 胸部

胸部分为前胸（prothorax）、中胸（mesothorax）和后胸（metathorax），有 3 对足，两对翅。

（1）附肢　3 对足（leg），分别着生在前胸、中胸、后胸、腹部两侧。前足和中足较小，为步行足（ambulatorial leg）；后足强大，为跳跃足（saltatorial leg）。昆虫足由 6 肢节构成，以蝗虫后足为例进行观察（图 7-4）。

基节（coxa）：足基部第 1 节，短而圆，连在胸部侧板和腹板间。

转节（trochanter）：基节之后最短小的一节。

腿节（femur）：转节之后最长大的一节。

胫节（tibia）：在腿节之后，细而长，红褐色，其后缘有 2 行细刺，末端还有数枚距，注意刺的排列形状和数目。

跗节（tarsus）：在胫节之后，用放大镜观察，跗节又分 3 节，第 1 节较长，有 3 个假分节，第 2 节很短，第 3 节较长，跗节腹面有 4 个跗垫。

前跗节（pretarsus）：位于第 3 跗节的端部，为 1 对爪，两爪间有一中垫。

（2）翅　2 对，前翅（forewing）着生于中胸背面，革质，狭长，比较坚硬，翅脉平直；休息时覆盖于后翅上，称为覆翅。后翅（hindwing）着生于后胸背面，休息时折叠

图7-4　蝗虫的后足

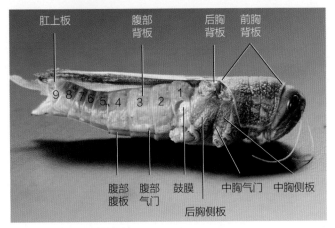

图7-5　蝗虫的胸部、腹部

而藏于前翅之下，飞行时展开。将后翅展开，可见其宽大、膜质柔软、薄而透明，上面翅脉明显。

（3）外骨骼　坚硬的几丁质骨板，背部的称为背板，腹面的称为腹板，两侧的称为侧板。

背板（tergum）：前胸背板发达，向后延伸覆盖中胸，背面中央隆起呈屋脊状称中隆线。两侧向下扩展成马鞍形，几乎盖住整个侧板。中、后胸背板较小，略呈长方形，被两翅覆盖。

腹板（sternum）：前胸腹板小，在两足中间形成一囊状突起，称前胸腹板突（见图7-1）。中、后胸腹板合成一块，但明显可分。腹板表面有沟，将腹板分成若干骨片。

侧板（pleuron）：前胸侧板位于背板下方前端，为三角形小骨片，中、后胸侧板发达。

3．腹部

腹部由11体节组成，附肢完全退化。每一体节由背板与腹板组成，侧板退化为连接背、腹板的侧膜。1～8腹节形态结构相似；第9、10腹节狭小且相互愈合；第11腹节也退化，其背板形成三角形的肛上板（supraanal plate），盖在肛门上方，其腹板则分成左、右两片三角形的肛侧板；在肛上板两侧各有一短小的尾须（cercus）。

鼓膜（tympanum）：第1腹节两侧各有一大的椭圆形透明薄膜状结构，即鼓膜听器（tympanal organ）（图7-5）。

气门（spiracle）：共10对，1～8腹节每一体节的背板两侧下缘前方各有1个小的圆孔为气门；胸部有2对气门，1对在前胸与中胸侧板间的薄膜上，另1对在中、后胸侧板间，即中足基部的薄膜上（图7-5）。

棉蝗的**外生殖器**（external reproductive organ）见图7-6。雌虫的腹部末端有2对尖形的产卵瓣，即1对上产卵瓣（背瓣）和1对下产卵瓣（腹瓣），共同组成雌虫的产卵器（ovipositor）。雄虫的第9腹节腹板发达，一直延伸到体末端并向上翘起成匙状，为下生殖板。将下生殖板向下压，可见内有一突起，即阴茎（penis）。

（二）内部结构观察

左手持蝗虫，右手持剪剪去翅和足。再从腹部末端尾须处开始，自后向前沿气门

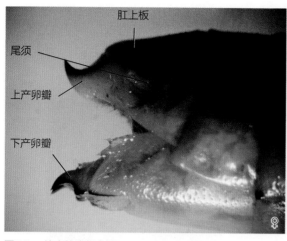
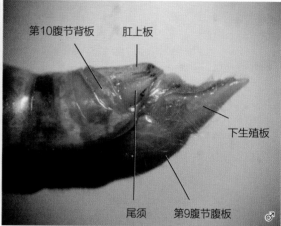

图7-6 蝗虫的腹部末端

线上方将体壁剪开,剪至前胸背板前缘(左、右侧均剪开)。用镊子将完整的背板取下(注意将背板与其下方的内部器官小心分离开)。首先原位观察,如图 7-7,再依次观察下列器官系统。 ▶ 蝗虫解剖

图7-7 蝗虫解剖(原位观察)

1. 循环系统（circulatory system）

观察取下的背壁，可见腹部背壁内面中央线上有一条半透明的细长管状构造（图7-8），即为**心脏**（heart）。心脏按节有若干略膨大的部分，为**心室**（ventricle）。心脏两侧有扇形的**翼状肌**（aliform muscle）。

2. 呼吸系统（respiratory system）

自气门向体内，可见许多白色分支的小管分布于内脏器官和肌肉中，即为**气管**（trachea）；在内脏背面两侧还有许多膨大的白色**气囊**（air chamber）（见图7-7）。用镊子撕取胸部肌肉少许，或刮取内脏器官表面一些结构，放在载玻片上，滴水使其散开，置显微镜下观察，即可看到许多粗细不同、白色透明的气管，气管不断分支，越分越细，其管壁内膜有几丁质**螺旋丝**（图7-9）。螺旋丝有何作用？

3. 生殖系统（reproductive system）

蝗虫为雌雄异体异形，实验时可互换不同性别的标本进行观察。

（1）雄性

精巢（spermary）：位于腹部消化管的背方，1对，左、右相连成一长椭圆形结构，仔细观察，可见由许多小管（即精巢管）组成。

输精管（vas deferens）和**射精管**（ejaculatory duct）：精巢腹面两侧向后伸出

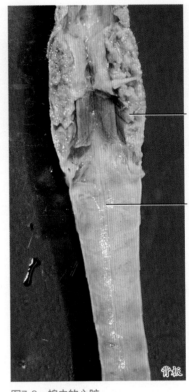

胸部
横纹肌

背血管
（心脏）

图7-8 蝗虫的心脏

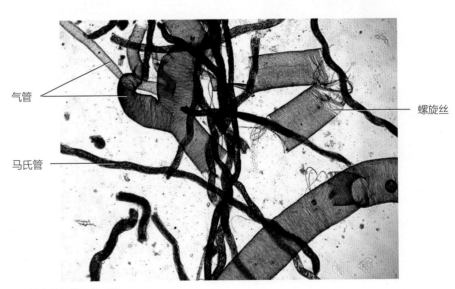

气管

螺旋丝

马氏管

图7-9 蝗虫的气管和马氏管

1 对输精管，分离周围组织可看到，两管绕到消化管腹方汇合成 1 条射精管。射精管穿过下生殖板，开口于阴茎末端。

储精囊（seminal vesicle）和**副性腺**（accessory sex gland）：副性腺位于射精管前端两侧，为一些迂曲的细管，通入射精管基部。仔细将副性腺的细管拨开，还可看到 1 对储精囊，也开口于射精管基部。观察时可将消化管末段向背方略挑起，以便寻找，但勿将消化管撕断。

（2）雌性

卵巢（ovary）：位于腹部消化管的背方，1 对，由许多自中线斜向后方排列的卵巢管组成。

输卵管（oviduct）和**卵萼**（egg calyx）：卵巢两侧有 1 对略粗的纵行管，各卵巢管与之相连，此即卵萼，是产卵时暂时储存卵粒的地方，卵萼后行为输卵管。沿输卵管走向分离周围组织，并将消化管末段向背方略挑起，可见 2 条输卵管在身体后端绕到消化管腹方汇合成 1 条总输卵管，经泄殖腔开口于产卵腹瓣之间的生殖孔。

受精囊（seminal receptacle）：自泄殖腔背方伸出一弯曲小管，其末端形成一椭圆形囊，此即受精囊。

4. 消化系统（digestive system）

用镊子移去消化道上方的精巢或卵巢后进行观察。消化系统由消化管和消化腺组成。消化管可分为前肠、中肠和后肠（图7-10、图7-11）。前肠之前有由口器包围而成的口前腔，口前腔之后是口。

（1）前肠（foregut） 自咽至胃盲囊，包括下列构造。

咽（pharynx）：口后一段管道，之后连食道。

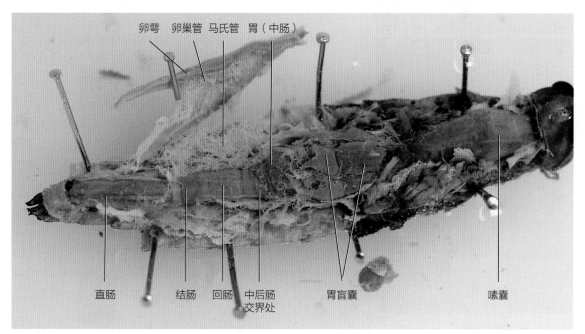

图7-10 蝗虫的消化系统

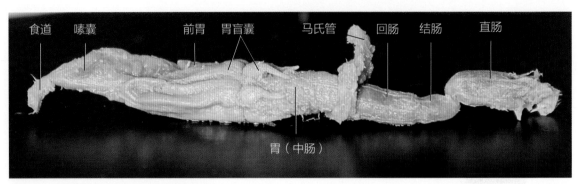

食道　嗉囊　　　前胃　胃盲囊　　马氏管　　回肠　结肠　　直肠

胃（中肠）

图7-11　蝗虫的消化系统（剥离出的消化道）

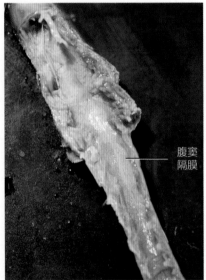

腹窦隔膜

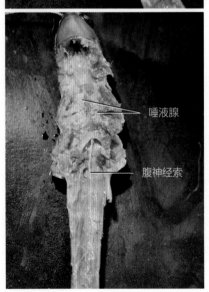

唾液腺

腹神经索

图7-12　蝗虫腹窦内结构

嗉囊（crop）：食道后膨大的囊状结构。

前胃（gizzard）：嗉囊之后，较嗉囊略细的一段粗管。

（2）**中肠**（midgut）又称胃，在与前胃交界处有12个呈指状突起的**胃盲囊**（gastric caeca）（6条伸向前方，6条伸向后方），向后与后肠交界处发出马氏管（图7-10）。

（3）**后肠**（hindgut）

回肠（ileum）：与胃连接的较粗的一段肠管。

结肠（colon）：回肠之后较细小的一段肠管，常弯曲。

直肠（rectum）：结肠后部较膨大的肠管，其末端开口于肛门。肛门在肛上板之下。

唾液腺（salivary gland）：1对，位于胸部嗉囊腹面两侧，揭开腹窦隔膜即可见到（图7-12），色淡，葡萄状，有1对导管前行，汇合后通入口前腔。

嗉囊、胃盲囊和直肠分别具有什么功能？

5. 排泄系统（excretory system）

为**马氏管**（Malpighian tubule），着生在中、后肠交界处。将虫体浸入培养皿内的水中，用放大镜观察，可见马氏管是许多细长的盲管。也可在中、后肠交界处肠道上刮取一些细管，滴水制成装片，在镜下观察（见图7-9）：可见到一些粗细均匀的淡黄色细管即马氏管，其中还夹杂着一些白色、粗细不同的气管。

6. 神经系统（nervous system）

腹神经索：将其他器官系统观察完后摘除（但保留食道），小心揭开体内腹面的一层薄膜（腹窦隔膜）（图7-12），即可见到胸部和腹部腹板中央线处的白色**腹神经索**（ventral nerve cord）。它由两股组成，在一定部位合并成神经节，并发出神经通向其他器官。

脑：位于两复眼之间，为一淡黄色块状物。用剪刀剪去

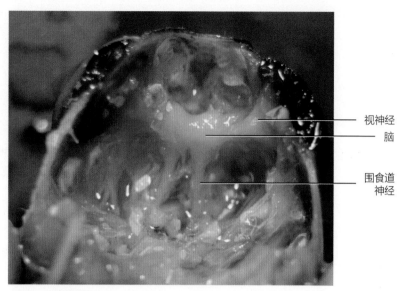

视神经

脑

围食道
神经

图7-13　蝗虫的脑

两复眼间的头背壳，但保留复眼和触角，再用镊子小心地除去头壳内的肌肉，即可见到一对黄色、膨大的脑神经节及其两侧发出的粗大的视神经（图 7-13）。

　　围食道神经：脑（即食道上神经节）向两侧发出两条白色神经围绕食道，即围食道神经。用镊子将食道前端轻轻挑起，在食道下靠前端可见一略膨大的白色神经节，即为食道下神经节（subesophageal ganglion）。

五、作业与思考

1. 通过对蝗虫的解剖与观察，总结蝗虫各个系统的结构特点。
2. 总结昆虫适应陆生生活和飞行生活的结构特征。

小龙虾外形观察与解剖

一、实验原理

克氏原螯虾（*Procambarus clarkii*）又名小龙虾，属于节肢动物门（Arthropoda）甲壳纲（Crustacea）十足目（Decapoda）。身体分为头胸部和腹部；附肢多，基本为双枝型附肢，从触角到口周围附肢（口器），最后再到构成尾扇的附肢，共有19对。雌雄异体。腹部的横纹肌很发达。头胸部背甲两侧的鳃室中有侧鳃用来呼吸。口在头部腹面，胃分为贲门胃和幽门胃，其后的中肠细长，沿腹部背中线后行；中肠前部两侧有中肠盲囊（肝胰脏）发达，作为消化腺。循环系统为开管式循环，血液透明无色。排泄器官为大触角基部的一对触角腺。神经系统为链索状神经系统。小龙虾适应性强，分布范围广，近年来在中国已经成为重要经济养殖品种。

二、实验目的

1. 通过对小龙虾的外形观察及内部解剖，掌握节肢动物门甲壳纲动物的主要特征。
2. 了解小龙虾的身体构造。

三、实验用具及材料

1. 普通光学显微镜，体视显微镜，放大镜，蜡盘，解剖工具，载玻片，盖玻片。
2. 70% 乙醇。
3. 活体小龙虾（雌雄）。

四、实验操作与观察

将小龙虾活体放入 70% 乙醇中麻醉 10～20 min，再取出观察。

（一）外形观察

小龙虾体形呈圆筒状，甲壳坚厚，体色通常是深红色的（图 8-1）。身体分为头胸部和腹部。腹部 6 节，向腹面弯曲。覆盖头胸部背面和侧面的背甲（carapace）上散布疣粒，背甲侧缘不与胸部腹甲和胸肢基部愈合。背甲前端尖三角形，尖部两侧有棱脊，棱脊下方凹陷处生有一对复眼，眼柄短。

螯足
大触角
小触角

复眼
步足

背甲

尾节
尾足

口器

腹肢

肛门

图8-1　小龙虾外形

1. 附肢

小龙虾共有 19 对附肢，第 1 对为第 1 触角（小触角，antennule），短小，原肢 3 节，端部生有 2 根触鞭，司触觉、嗅觉和平衡。第 2 触角（大触角，antenna）发达，原肢粗短，外叶为一大的薄片，内叶为一根长触鞭，长度约与体长等长，司触觉作用。

口周围附肢有 6 对（图 8-2），第 1 对特化为大颚（mandible），粗短坚硬，像牙齿，为咀嚼器；之后为第 1 小颚（maxilla），原肢为两薄片，内肢亦为片状，无外肢；第 2 小颚亦为薄片状；第 4～6 对附肢为颚足（maxilliped），第 1 颚足内肢细长，外肢片状，第 2、3 颚足基部具鳃，内肢细长，外肢较粗，尤其是第 3 颚足外肢明显粗大，分 5 节，后 3 节向内折向基部。

胸部步足 5 对明显（图 8-3），故称为十足目，全为单枝型，前 3 对末端呈钳状，其中第 1 对特别强大、坚厚，为螯足（cheliped），故小龙虾又称为螯虾；第 4～5 对步足（ambulatorial leg）末端呈爪状。

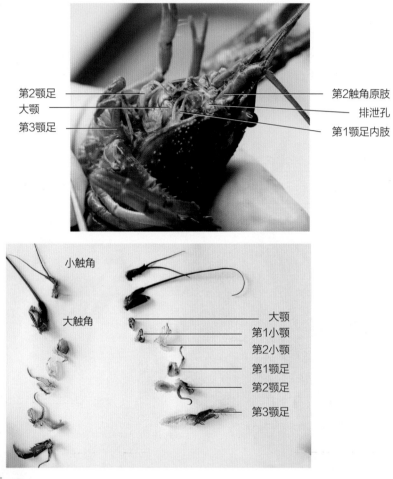

第2颚足
大颚
第3颚足

第2触角原肢
排泄孔
第1颚足内肢

小触角

大触角

大颚
第1小颚
第2小颚
第1颚足
第2颚足
第3颚足

图8-2　小龙虾的口周围附肢

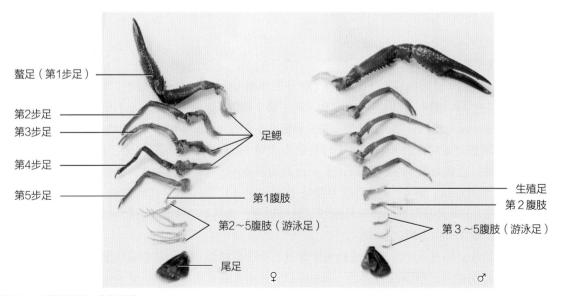

螯足（第1步足）

第2步足
第3步足

第4步足

第5步足

足鳃

第1腹肢

第2～5腹肢（游泳足）

尾足

生殖足
第2腹肢

第3～5腹肢（游泳足）

♀

♂

图8-3　小龙虾的胸、腹部附肢

雌性生殖孔

受精囊

第 1 腹肢

交接器（生殖肢）

雄性生殖孔所在位置

第 2 腹肢

图8-4 小龙虾雌雄个体的腹部特征

腹部附肢 6 对（图 8-3），第 1 对有特化，雌性细小，雄性特化为交接器（生殖足，gonopod）；雌性其后的 4 对腹肢为典型的双枝型，适于游泳，原肢一节，内、外肢细长；雄性第 2 对腹肢依然较特化，与生殖有关，后面第 3～5 对腹肢为双枝型游泳足。第 6 对腹肢的内肢和外肢宽大片状，称为尾足（uropod），与尾节共同构成尾扇。

2. 雌雄区别

小龙虾雌雄个体在外形上区别主要看腹部（图 8-4）。

雌性：生殖孔开口于胸部第 3 步足的基部，圆孔明显；第 4、5 步足基部之间骨片上有一近圆盘状的受精囊（seminal receptacle）；腹部第 1 腹肢细小。

雄性：生殖孔开口于胸部第 5 步足的基部，不太明显，但其后的第 1、2 腹肢特化为粗棒状的交接器，特征明显。

如果雌雄个体放在一起比较，雄性的螯足比雌性的更发达。

（二）内部结构观察

用剪刀沿小龙虾的头胸部背甲腹缘后部向上、向前，剪开背甲两侧的侧室，揭掉甲壳（图 8-5）。

1. 呼吸系统（respiratory system）

小龙虾的呼吸系统为头胸部背甲两侧侧室（鳃室）内的鳃，鳃多呈羽毛状，着生在胸部侧壁或胸肢基部，鳃室前、后及腹面和外界相通，水流经过鳃室，完成气体交换。

观察完鳃后，用剪刀从尾节前一腹节的两侧向前剪开甲壳，剪至复眼后部，小心揭掉整个背部甲壳，观察其内部结构。

侧鳃

图8-5 小龙虾的鳃

图8-6 小龙虾的内部构造（雄性）

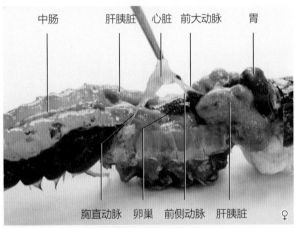

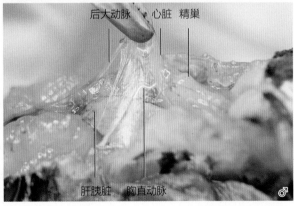

图8-7 小龙虾的循环系统

2. 原位观察

揭掉背部甲壳后，首先进行内脏器官的原位观察（图8-6）。注意观察胃、肝胰脏、中肠、心脏、生殖腺这些器官的位置及特点。如果是麻醉后仍未死亡的个体，会看到心脏的收缩。

3. 循环系统（circulatory system）

在小龙虾胸部背方中央、生殖腺之上，有一透明囊状的心脏。仔细观察，心脏前、后有几条明显的透明血管，可以用镊子小心提起心脏观察（图8-7）。

心脏向前发出3条动脉，中央1条为前大动脉（dorsal artery），两侧1对为前侧动脉，又称触角动脉（antennary artery）。心脏向后发出1条明显的肠上动脉（后大动脉，dorsal artery），其基部向下分出1条胸直动脉（sternal artery），胸直动脉向下到胸部腹面穿过腹神经索后分为前、后两支，为胸下动脉和腹下动脉（ventral artery）。

虾为开管式循环，血液汇入血窦，经过鳃血管至围心窦，从心孔回心。

4. 生殖系统（reproductive system）

雌雄个体的外形结构如前所述，包括雌性、雄性生殖孔，受精囊，生殖足（见图8-4）。雌虾卵巢1对，位于胸部背面、心脏之下，卵巢内充满颗粒（图8-7），以输卵管通于第3步足基部的雌性生殖孔。雄性精巢1对，位置与卵巢一致，白色，非繁殖期不明显，输精管末端通入第5步足基部的雄性生殖孔。

5. 消化系统（digestive system）

小龙虾的消化系统包括消化道和消化腺。口位于头胸部腹面，周围围绕的6对附肢构成口器（见图8-2）；食道很短，连接胃；胃包括2部分（图8-8），前端的贲门胃（cardiac stomach）膨大、硬，内有钙质的胃磨；后面连接较小的幽门胃（pyloric stomach）；胃之后为中肠，沿体中线向后

大触角

排泄孔

触角腺

贲门胃

幽门胃

中肠

肝胰脏

卵巢

心脏

肝胰脏

中肠

图8-8　小龙虾的排泄系统（左）和消化系统（右）

行，在腹部最后体节处转为后肠，通到尾节腹面的肛门。

在中肠前端两侧伸出很多的盲囊（密集的细盲管状），为虾的消化腺——肝胰脏（hepatopancreas），在秋、冬季节肝胰脏内贮存大量的营养物质后变得很发达，呈黄色。

6. 排泄系统（excretory system）

小龙虾的排泄器官为一对由后肾管演变而来的触角腺，位于第2触角（大触角）基部（图 8-8），呈绿色，因此也称为绿腺（green gland）。整个器官由一个腺体部和囊状的膀胱组成，连接到大触角基部甲片上开口的一对排泄孔，将代谢废物排出体外。

另外，小龙虾的鳃也起到一定的排泄作用。

7. 神经系统（nervous system）

将小龙虾胸部的内脏器官取出，腹部发达的横纹肌也用镊子取出，然后观察在腹面中线处的神经系统结构（图 8-9）。

神经系统为链索状神经系统，腹部腹面中线处有 1 条明显的白色半透明的线状结构，为虾的腹神经索，在每体节都有一些细的分支（神经），提起腹神经索便能观察到；腹神经索向前过胸部腹面，在食道下方形成食道下神经节，连接围食道神经，在食道前上方合并为脑神经节。

腹神经索   食道   围食道神经   脑

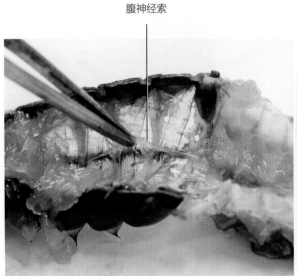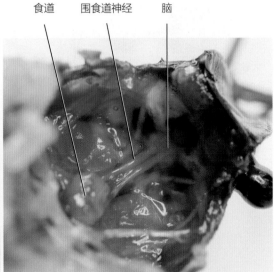

图8-9 小龙虾的神经系统

五、作业与思考

1. 节肢动物附肢的最基本结构如何？试结合小龙虾的 19 对附肢，总结不同部位附肢的功能与结构变化。

2. 通过小龙虾的观察与解剖，总结甲壳纲动物虾类的特征。

3. 查阅资料，了解小龙虾的生活，包括食性、繁殖、行为、养殖等。

无脊椎动物分类（非昆虫类）

一、实验原理

无脊椎动物一般是指从海绵动物门到棘皮动物门的所有无脊索的多细胞动物类群，其中有种类最多、分布最广的节肢动物门。节肢动物又包括肢口纲、甲壳纲、蛛形纲、多足纲和昆虫纲。非昆虫类的无脊椎动物标本，一般采用乙醇或福尔马林液瓶装浸泡保存。本实验主要是对各无脊椎动物门类代表种类及常见种类的认识与特征的了解。

二、实验目的

通过观察标本，了解多细胞无脊椎动物各门的分纲情况及各纲主要特征，并认识一些常见的代表种类。

三、实验用具及材料

1. 普通光学显微镜，体视显微镜，放大镜，镊子，培养皿，蜡盘，橡胶手套。
2. 无脊椎动物各种类的标本（玻片标本、浸制标本和干制标本）。

四、实验操作与观察

（一）观察方法

微小种类的玻片标本在普通光学显微镜下观察。

体型较小种类的瓶装、乙醇（70%）浸制标本，若需仔细观察，可用镊子小心取出后放在培养皿中，加水盖过标本，放在体视显微镜下观察。

体型较大种类的福尔马林液浸制标本，若需仔细观察，可戴橡胶手套，从瓶中轻轻取出标本，水冲后放在蜡盘中，用放大镜或体视显微镜进行观察。

观察时不要损坏标本，观察结束后放回原处。

（二）无脊椎动物主要门类及其物种多样性

▶无脊椎动物分类

1. 多孔动物门（Porifera）（**海绵动物** Spongia **或侧生动物** Parazoan）

海水或淡水固着生活；现存种类有 2 000 多种。

2. 腔肠动物门（Coelenterata）

绝大多数海产，固着或漂浮生活；现存种类约 11 000 种，分为水螅纲（Hydrozoa）、钵水母纲（Scyphozoa）和珊瑚纲（Anthozoa）。

3. 扁形动物门（Platyhelminthes）

2/3 的种类寄生；已记录的扁形动物约有 15 000 种，分为涡虫纲（Turbellaria）、吸虫纲（Trematoda）和绦虫纲（Cestoidea）。

4. 线虫动物门（Nematoda）

又称圆虫；已记录的种类约 15 000 种，自由生活的种类广泛分布于土壤、淡水和海水中。

5. 轮虫动物门（Rotifera）

体型微小，主要生活于淡水；种类有 1 800 种左右。

6. 环节动物门（Annelida）

生活于海水、淡水和陆地；有 17 000 多种，分为多毛纲（Polychaeta）、寡毛纲（Oligochaeta）和蛭纲（Hirudinea）。

7. 软体动物门（Mollusca）

淡水、海水、陆地上都有分布；现存种类 110 000 种以上；常见的有多板纲（Polyplacophora）、腹足纲（Gastropoda）、瓣鳃纲（Lamellibranchia）和头足纲（Cephalopoda）。

8. 节肢动物门（Arthropoda）

已知的节肢动物有 1 100 000 多种，占动物种类总数的 80% 以上，各种生境都有分布；一般常见的有肢口纲（Merostomata）、蛛形纲（Arachnida）、甲壳纲（Crustacea）、多足纲（Myriapoda）、昆虫纲（Insecta）。

9. 腕足动物门（Brachiopoda）

全部海产，底栖；现存种类多分布于高纬度的冷水区，约 300 种。

10. 苔藓动物门（Bryozoa）［**也称外肛动物门**（Ectoprocta）］

绝大多数海产；现存 4 000 多种。

11. 棘皮动物门（Echinodermata）

全部海洋底栖生活；现存约 6 000 种。

□无脊椎动物代表种类介绍

（三）无脊椎动物常见及代表种类

摆放各种无脊椎动物常见及代表种类的标本，观察各个标本的特征，明确其分类地位。

五、作业与思考

1. 将所观察到的标本种类分类到门和纲。

2. 根据所观察的标本，总结各门动物的主要特征。

昆虫分类

一、实验原理

昆虫纲是节肢动物门的主要类群，也是动物界种类和数量最多的一个纲，有适应水生、陆生和飞行生活的多种多样的种类。多样的口器适合多样的食性，不同的足、翅和触角类型适应多样的生存环境和生活方式，同时也是昆虫纲分类的主要依据。众多种类的检索识别，需要通过相关的检索表来完成。昆虫种类繁多、形态各异，许多是我们身边常见的种类，也是与人类生活密切相关的动物类群，有很高的生态价值、经济价值、美学价值和科研价值。对昆虫纲常见类群的认识和了解，是生命科学领域科研工作的必要基础。

二、实验目的

1. 观察昆虫不同类型的口器、足、翅和触角，认识昆虫的变态类型，了解昆虫分类的基本知识。
2. 了解检索表的种类，使用昆虫检索表鉴定昆虫。
3. 认识一些常见昆虫的目及其代表种类。

三、实验用具及材料

1. 普通光学显微镜，体视显微镜，放大镜，镊子，解剖针。
2. 昆虫不同类型口器、足、翅、触角的玻片标本，昆虫不同的变态类型标本，各种昆虫成虫的干制针插标本或浸制标本。

四、实验操作与观察

（一）昆虫不同类型的口器、足、翅和触角的观察

取昆虫不同类型的口器、足、翅和触角的玻片标本，在普通光学显微镜下观察，

同时对照相应的昆虫成虫干制针插标本进行观察。

　　观察干制针插标本时，由于标本已干脆，附肢、触角等身体结构都很易折断、损坏，因此操作时一定要注意：左手拿捏干制针插标本的昆虫针下端针尖部位（看昆虫背面）或上端针头部位（看昆虫腹面结构），右手拿放大镜观察或置于体视显微镜下观察。贴近标本观察时，不要对着标本呼气或一边观察一边交谈，不要拿解剖针等拨弄标本的附肢、触角等。标本观察完毕后随手插入昆虫盒中。

1. 口器的类型

　　昆虫口器的基本结构见实验7。为适应不同的食物类型，昆虫常见的口器有以下几种。

　　咀嚼式口器（chewing mouthparts）：昆虫最原始、最基本的口器类型。蝗虫及许多食固体食物的昆虫具有这种口器（图10-1）。

　　刺吸式口器（piercing-sucking mouthparts）：是昆虫吸食动植物体内液体物质的一种口器（图10-2）。口器各部分变成针管状，如蚊的上唇、大颚、小颚及舌变为6条口针，藏于下唇形成的喙状沟槽中，上唇内凹由双壁围成食物道，取食时，6条口针刺入而下唇不进入被吸食者体内；蝉的上唇短，不成针状，两个小颚抱合形成食物道，藏于大颚形成的口针之内，刺吸式口器从头部后方伸出；蝽的刺吸式口器从头部前端伸出。

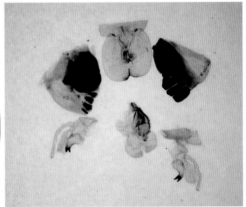

图10-1　咀嚼式口器（鞘翅目—天牛）

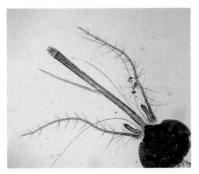

图10-2　刺吸式口器（左：双翅目—蚊；中：同翅亚目—蝉，口器从头部后方伸出；右：半翅目—蝽，口器从头部前端伸出）

图10-3　虹吸式口器（鳞翅目—蝴蝶）

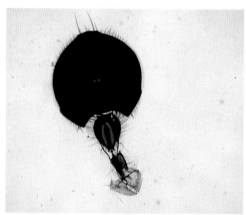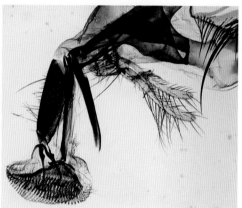

图10-4　舐吸式口器（双翅目—蝇）

虹吸式口器（siphoning mouthparts）：为蛾、蝶类的口器（图 10-3）。主要由两个小颚的外颚叶极度延长并相互嵌合成管状，中间形成食物道；除下唇发达外，口器的其他结构均退化或消失。不用时口器卷曲于头下。

舐吸式口器（sponging mouthparts）：为蝇类口器（图 10-4）。大、小颚退化，仅留有小颚须，下唇延长成喙，喙的背面有槽，槽上盖有舌及上唇，由舌及上唇形成食物道；喙的末端形成两个唇瓣，唇瓣上有许多环沟，环沟与槽相通，经过环沟舐吸物体表面的液体食物。

嚼吸式口器（biting-sucking mouthparts）：主要是蜜蜂总科昆虫的口器（图 10-5），上颚发达，可以咀嚼花粉，下颚和下唇延长成喙状，又可以吸吮花蜜。

图10-5　嚼吸式口器（膜翅目—蜜蜂）

2. 足的类型

昆虫足的基本结构包括基节（coxa）、转节（trochanter）、腿节（femur）、胫节（tibia）、跗节（tarsus）和前跗节（pretarsus）6个肢节。为适应不同的生活方式，某些昆虫的足在形态功能上发生了较大变化，常见的变化类型有以下几种（图10-6、图10-7）。

跳跃足（saltatorial leg）：腿节特别发达膨大，胫节也细长，适于跳跃。如蝗虫的后足。

开掘足（fossorial leg）：足各节粗短强壮；胫节扁宽，端部有4个发达的齿；跗节3节，呈齿状，着生于胫节外侧。如蝼蛄的前足。

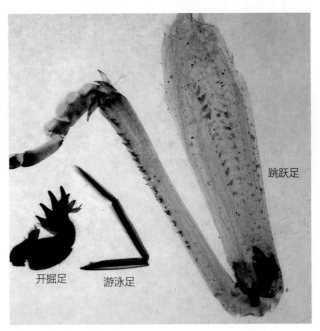

图10-6　昆虫的足（1）

步行足（ambulatory leg）：各节均细长，适于步行和疾走。如蜚蠊、步甲的足。

捕捉足（raptorial leg）：基节长；腿节发达，腹面有槽，槽两侧有成列的刺；胫节亦具刺，回折可嵌入腿节槽中，如折刀状。如螳螂的前足。

携粉足（corbiculate leg）：胫节端部宽扁，外侧有凹窝，两边有长毛构成花粉篮；跗节5节，第1跗节膨大宽扁，上有成排横列的硬毛，可梳集黏着在体毛上的花粉。如蜜蜂的后足。

游泳足（natatorial leg）：胫节、跗节扁平，边缘生有长毛，适于水中游泳。如龙虱、松藻虫的后足。

抱握足（clasping leg）：跗节分5节，前3节膨大成盘状，边缘有毛，盘面有吸盘数排，交配时用以抱握雌虫。如雄龙虱的前足。

攀缘足（climbing leg）：跗节仅1节，跗节的爪向内弯时与胫节外缘的突起形成钳状，用以夹住毛发。如虱的足。

步行足（鞘翅目—步甲）　捕捉足（螳螂目—螳螂）

携粉足（膜翅目—蜜蜂）　攀缘足（虱目—虱）

图10-7　昆虫的足（2）

3. 触角的类型

昆虫触角第 1 节为柄节（scape），第 2 节为梗节（pedicel），其余各节合称为鞭节（flagellum）。不同类的昆虫，触角会有不同形态的特化，变化多在鞭节上（图 10-8、图 10-9）。

刚毛状触角（setiform antenna）：鞭节纤细似针。如蜻蜓、蝉。

丝状触角（filiform antenna）：鞭节细长而较均匀，或细长如丝。如蝗虫和蟋蟀。

锯齿状触角（serrate antenna）：鞭节各节的一侧向外突出成短角，整个触角形似锯条。如叩头虫。

球杆状触角（torulose antenna）：也称棒状触角，鞭节末端数节逐渐稍有膨大，细长如棒球杆。如蝶类触角。

鳃叶状触角（lamellate antenna）：鞭节末端数节成叶片状，叠在一起似鳃片。如金龟子。

膝状触角（patelliform antenna）：梗节相对其他触角较长，与鞭节间弯成近 90°。如蜜蜂。

具芒状触角（aristate antenna）：鞭节仅 1 节，粗大，其上生有一芒状刚毛。如蝇类。

环毛状触角（annular antenna）：鞭节各节基部着生一圈刚毛。如雄蚊。

羽毛状触角（pinnate antenna）：也称双栉齿状触角，鞭节各节两侧向外有一细长突起，整个触角似羽毛。如蛾类。

念珠状触角（moniliform antenna）：鞭节各节呈圆球状。如白蚁。

锤状触角（capitate antenna）：鞭节末端数节突然膨大，触角较短似锤。如郭公虫。

图10-8　昆虫的触角（1）

膝状触角（膜翅目—胡蜂）　　环毛状触角（双翅目—蚊）

具芒状触角（双翅目—蝇）　　具芒状触角（双翅目—蝇）

羽毛状触角（鳞翅目—蛾）　　念珠状触角（蜚蠊目—白蚁）

图10-9　昆虫的触角（2）

4. 昆虫的翅

昆虫翅的质地有很大变化，可作为分目的依据之一（图 10-10、图 10-11）。

膜翅（membranous wing）：翅薄而透明，膜质，翅脉清楚。如蜂、蝇的翅。

覆翅（tegmen）：或称革翅。翅坚韧如革，稍厚，半透明，翅脉仍可见，用以保护。如蝗虫前翅。

鞘翅（elytron）：翅完全角质化，厚而硬，翅脉已看不到，完全用以保护。如金

图10-10　棉蝗的前、后翅

龟子的前翅。

半鞘翅（hemielytron）：翅基部为革质或角质，端部为膜质。如椿象的前翅。

鳞翅（lepidotic wing）：翅膜质，表面密被鳞片。如蛾、蝶类的翅。

毛翅（piliferous wing）：膜质翅上覆盖有大量的毛。如石蛾的翅。

缨翅（fringed wing）：膜质翅，小而狭长，边缘具长毛。如蓟马的翅。

平衡棒（halter）：后翅特化成棒状或勺状。如蚊、蝇的后翅。

（二）昆虫变态类型的观察

取具有不同变态类型的昆虫生活史标本，观察并理解以下变态类型。

1. 无变态（ametabola）

又称表变态（epimorphosis）。幼虫（larva）与成虫除了大小之外，形态、生活环境及方式都无区别，幼虫蜕皮次数较多。原始无翅昆虫属于这种变态类型，如衣鱼。

2. 不完全变态（incomplete metamorphosis）

不具蛹期，如直翅目、同翅目、半翅目、蜻蜓目、蜚蠊目、螳螂目、缨翅目等。

图10-11　昆虫的翅

不完全变态又可分为以下两种:

　　渐变态（paurometamorphosis）:幼虫与成虫形态与生活环境基本相似,只是幼虫具翅芽,生殖腺未成熟;成虫具翅,生殖腺成熟。如蝗虫、蜚蠊、蝼蛄等,其幼虫称为**若虫**（nymph）（图 10-12）。

　　半变态（hemimetamorphosis）:幼虫与成虫形态上不完全相似,幼虫水生,成虫陆生,口器也不相同。如蜻蜓、蜉蝣等,其幼虫称为**稚虫**（naiad）。

3. 完全变态（complete metamorphosis）

　　生活史中具蛹（pupa）期;成虫与幼虫在形态、生活方式及生活环境都有较大差别（图 10-13）。大约 88% 的昆虫为此类型,如鞘翅目、鳞翅目、双翅目、膜翅目、脉翅目、毛翅目等。

图10-12　昆虫渐变态（直翅目—蝼蛄）

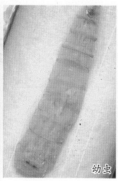

图10-13　昆虫完全变态（双翅目—蝇）

（三）昆虫纲各目检索

检索表通常有三种：对比式（或齐头式）、括号式和退格式（或递减式），括号式检索表如实验 13"鱼纲分类"中的检索表，退格式检索表常用于植物分类检索。最常用的检索表为对比式。使用方法如下：在检索表中列有数字 1、2、3……每一数字后列有两条对立的特征描述。拿到标本后从 1 查起，两条对立特征哪一条与所鉴定的昆虫一致，就按该条后面的数字继续查下去，直到查出分类地位为止。以昆虫分目检索表为例，若被鉴定的昆虫符合 1 中有翅，则查此条后面所指的 23；在 23 中若"翅 1 对"与所鉴定的标本符合，就按后面的数字 24 再查下去，直到鉴定出目的名称为止。

昆虫（成虫）分目检索表（传统分类系统）

1. 翅无或极退化 ……………………………………………………………（2）
   翅 2 对或 1 对 …………………………………………………………（23）
2. 无足，幼虫状，头和胸愈合，内寄生于膜翅目、半翅目及直翅目等昆虫体内，仅头胸部露出寄主腹节外 ……………………捻翅目（Strepsiptera）
   有足，头和胸部不愈合，不寄生于昆虫体内 ……………………………（3）
3. 腹部除外生殖器和尾须外有其他附肢 ……………………………………（4）
   腹部除外生殖器和尾须外无其他附肢 ……………………………………（7）
4. 无触角；腹部 12 节，第 1～3 节各有 1 对短小的附肢 ………原尾目（Protura）
   有触角；腹部至多 11 节 …………………………………………………（5）
5. 腹部至多 6 节，第 1 腹节具腹管，第 3 腹节有握弹器，第 4 腹节有一分叉的弹器 ………………………………………………弹尾目（Collembola）
   腹部多于 6 节，无上述附肢，但有成对的刺突或泡 ……………………（6）
6. 有 1 对长而分节的尾须或坚硬不分节的尾铗，无复眼 ………双尾目（Diplura）
   除 1 对尾须外还有 1 条长而分节的中尾丝，有复眼 ………缨尾目（Thysanura）
7. 口器咀嚼式 …………………………………………………………………（8）
   口器刺吸式或舐吸式、虹吸式等 ……………………………………（18）
8. 腹部末端有 1 对尾须，或尾铗 …………………………………………（9）
   腹部无尾须 ………………………………………………………………（15）
9. 尾须呈坚硬不分节的铗状 ……………………………………革翅目（Dermaptera）
   尾须不呈铗状 …………………………………………………………（10）
10. 前足第 1 跗节特别膨大，能纺丝 ……………………………纺足目（Embioptera）
    前足第 1 跗节不特别膨大，不能纺丝 ………………………………（11）
11. 前足捕捉足 …………………………………………………螳螂目（Mantodea）
    前足非捕捉足 …………………………………………………………（12）
12. 后足跳跃足 ……………………………………………………直翅目（Orthoptera）

　　　　后足非跳跃足 ....（13）

13. 体扁，卵圆形，前胸背板很大，常向前延伸盖住头部 .... 蜚蠊目（Blattodea）

　　　体非卵圆形，头不为前胸背板所盖 ....（14）

14. 体细长杆状 .... 竹节虫目（Phasmida）

　　　体非杆状，社会性昆虫 .... 等翅目（Isoptera）

15. 跗节 3 节以下 ....（16）

　　　跗节 4～5 节 ....（17）

16. 触角 3～5 节，寄生于鸟类或兽类体表 .... 食毛目（Mallophaga）

　　　触角 13～15 节，非寄生性 .... 啮虫目（Corrodentia）

17. 腹部第 1 节并入后胸，第 1 节和第 2 节之间紧缩成柄状 ... 膜翅目（Hymenoptera）

　　　腹部第 1 节不并入后胸，第 1 节和第 2 节之间不紧缩成柄状 ..... 鞘翅目（Coleoptera）

18. 体表密被鳞片，口器虹吸式 .... 鳞翅目（Lepidoptera）

　　　体表无鳞片，口器刺吸式或舐吸式或退化 ....（19）

19. 跗节 5 节 ....（20）

　　　跗节至多 3 节 ....（21）

20. 体侧扁（左右扁）.. 蚤目（Siphonaptera）

　　　体不侧扁 .... 双翅目（Diptera）

21. 跗节端部有能伸缩的泡，爪很小 .... 缨翅目（Thysanoptera）

　　　跗节端部无能伸缩的泡 ....（22）

22. 足具 1 爪，适于攀附在毛发上，外寄生于哺乳动物 .... 虱目（Anoplura）

　　　足具 2 爪，如具 1 爪则寄生于植物上，极不活泼或固定不动，体呈球状、介壳状等，常被蜡质、胶质等分泌物 .... 同翅目（Homoptera）

23. 翅 1 对 ....（24）

　　　翅 2 对 ....（32）

24. 前翅或后翅特化成平衡棒 ....（25）

　　　无平衡棒 ....（27）

25. 前翅形成平衡棒，后翅大 .... 捻翅目（Strepsiptera）

　　　后翅形成平衡棒，前翅大 ....（26）

26. 跗节 5 节 .... 双翅目（Diptera）

　　　跗节仅 1 节 .... 同翅目（Homoptera）

27. 腹部末端有 1 对尾须 ....（28）

　　　腹部无尾须 ....（30）

28. 尾须细长而分节（或还有 1 条相似的中尾丝），翅竖立背上 ....

　　　.. 蜉蝣目（Ephemerida）

　　　尾须不分节，多短小，翅平覆背上 ....（29）

29. 跗节 5 节，后足非跳跃足，体细长如杆或扁宽如叶 .... 竹节虫目（Phasmida）

　　　跗节 4 节以下，后足为跳跃足 .... 直翅目（Orthoptera）

30. 前翅角质，口器咀嚼式 .... 鞘翅目（Coleoptera）

翅为膜质，口器非咀嚼式 ……………………………………………（31）

31. 翅上有鳞片 ……………………………………………鳞翅目（Lepidoptera）

　　翅上无鳞片 ……………………………………………缨翅目（Thysanoptera）

32. 前翅全部或部分较厚为角质或革质，后翅膜质 …………………（33）

　　前翅与后翅均为膜质 ………………………………………………（40）

33. 前翅基半部为角质或革质，端半部为膜质 …………半翅目（Hemiptera）

　　前翅基部与端部质地相同，或某部分较厚但不如上述 …………（34）

34. 口器刺吸式 ………………………………………………同翅目（Homoptera）

　　口器咀嚼式 …………………………………………………………（35）

35. 前翅有翅脉 …………………………………………………………（36）

　　前翅无明显翅脉 ……………………………………………………（39）

36. 跗节4节以下，后足为跳跃足或前足为开掘足 …………直翅目（Orthoptera）

　　跗节5节，后足与前足不同上述 ……………………………………（37）

37. 前足捕捉足 ………………………………………………螳螂目（Mantodea）

　　前足非捕捉足 ………………………………………………………（38）

38. 前胸背板很大，常盖住头的全部或大部分 ……………蜚蠊目（Blattodea）

　　前胸背板很小，头部外露，体似杆状或叶片状 …………竹节虫目（Phasmida）

39. 腹部末端有1对尾铁，前翅短小，不能盖住腹部中部 ……革翅目（Dermaptera）

　　腹部末端无尾铁，前翅一般较长，至少盖住腹部大部分 ……鞘翅目（Coleoptera）

40. 翅面全部或部分被有鳞片，口器虹吸式或退化 …………鳞翅目（Lepidoptera）

　　翅上无鳞片，口器非虹吸式 ………………………………………（41）

41. 口器刺吸式 …………………………………………………………（42）

　　口器咀嚼式、嚼吸式或退化 ………………………………………（44）

42. 下唇形成分节的喙，翅缘无长毛 …………………………………（43）

　　无分节的喙，翅极狭长，翅缘有缨状长毛 ……………缨翅目（Thysanoptera）

43. 喙自头的前方伸出 ………………………………………半翅目（Hemiptera）

　　喙自头的后方伸出 ………………………………………同翅目（Homoptera）

44. 触角极短小，刚毛状 ………………………………………………（45）

　　触角长而显著，非刚毛状 …………………………………………（46）

45. 腹部末端有1对细长多节的尾须（或还有1条相似的中尾须），后翅很小 …………………………………………………………………蜉蝣目（Ephemerida）

　　尾部短而不分节，后翅与前翅大小相似 ………………蜻蜓目（Odonata）

46. 头部向下延伸呈喙状 ……………………………………长翅目（Mecoptera）

　　头部不延伸呈喙状 …………………………………………………（47）

47. 前足第1跗节特别膨大，能纺丝 ………………………纺足目（Embioptera）

　　前足第1跗节不特别膨大，也不能纺丝 …………………………（48）

48. 前、后翅几乎相等，翅基部各有一条横的肩缝，翅易沿此缝脱落 …………………………………………………………………………等翅目（Isoptera）

（四）昆虫纲主要目的特征识别

了解常见昆虫各目主要识别特征和重要种类。

昆虫纲分类

1. 无翅亚纲（Apterygota）

原始无翅；无变态；腹部具与运动有关的附肢。

缨尾目（Thysanura）：中、小型，体长而柔软，裸露或覆以鳞片。咀嚼式口器。触角长，丝状。腹部末端具 3 根细长尾丝。如衣鱼，常见于室内抽屉、衣箱或书籍堆中。

弹尾目（Collembola）：微小型，体柔软。触角 4 节。腹部第 1、2、4 节上分别着生有黏管（腹管）、握弹器和弹器，能跳跃。如跳虫。

2. 有翅亚纲（Pterygota）

通常有翅；有变态；腹部无运动附肢（图 10-14～图 10-16）。

直翅目（Orthoptera）：大、中型昆虫。头属下口式；口器为标准的咀嚼式；前翅狭长，革质；后翅宽大、膜质，能折叠藏于前翅之下；腹部常具尾须及产卵器；发音器及听器发达；以左、右翅相摩擦或以后足腿节内侧刮擦前翅而发音；渐变态。如蝗虫、螽斯、蝼蛄、油葫芦和中华蚱蜢等。

蜚蠊目（Blattodea）：咀嚼式口器，复眼发达，触角丝状；翅 2 对，也有不具翅的，前翅革质，后翅膜质，静止时平叠于腹上；足适于疾走；渐变态。如各种蟑螂和地鳖虫。

螳螂目（Mantodea）：体细长，咀嚼式口器，触角丝状；前胸发达，长于中胸和后胸之和；翅 2 对，前翅革质，后翅膜质，静止时平叠于腹上。前足适于捕捉；渐变态。如螳螂。

竹节虫目（Phasmida）：亦名䗛目；中、大型昆虫，体型修长，头小，咀嚼式口器；前胸小，中、后胸长；有翅或无翅。具极佳的拟态与保护色。渐变态，植食性。

等翅目（Isoptera）：体乳白色或灰白色，咀嚼式口器；翅膜质，常超出腹末端，前、后翅相似且等长，故名。渐变态。如各种白蚁。本目是多态性、营群居生活的社会性昆虫。每一群中有5种类型成员组成，即长翅型的雌雄繁殖蚁、短翅或无翅型的辅助繁殖蚁、不育的工蚁和兵蚁。

虱目（Anoplura）：体小而扁平，刺吸式口器，胸部各节愈合不分，足为攀缘式，渐变态。为人畜的体外寄生虫，吸食血液并传播疾病，如虱。

蜻蜓目（Odonata）：咀嚼式口器，触角短小刚毛状，复眼大；翅两对，膜质多脉，前翅前缘端有一翅痣；腹部细长；半变态。如蜻蜓、豆娘。

半翅目（Hemiptera）：体略扁平；多具翅，前翅为半鞘翅（异翅亚目）；口器刺吸式，通常4节，着生在头部的前端；触角4或5节；具复眼。前胸背板发达，中胸有发达的小盾片为其明显的标志；身体腹面有臭腺开口，能散发出类似臭椿的气味，故又名椿象。渐变态。如绿盲蝽、猎蝽、臭虫。

同翅目（Homoptera）：现已归入半翅目，为同翅亚目。口器刺吸式，下唇变成喙，着生于头的后方。成虫大都具翅，休息时置于背上，呈屋脊状。触角短小，刚毛状或丝状。体部常有分泌腺，能分泌蜡质的粉末或其他物质，可保护虫体。渐变态。如蝉、叶蝉、飞虱、吹棉介壳虫、蚜虫、白蜡虫等。

脉翅目（Neuroptera）：口器咀嚼式；触角细长，丝状、念珠状、栉状或棒状；翅膜质，前、后翅大小和形状相似，脉纹网状。全变态，卵常具柄。如中华草蛉、大草蛉等。

鳞翅目（Lepidoptera）：体表及膜质翅上都被有鳞片及毛，口器虹吸式；复眼发达。完全变态，幼虫为毛虫型。该目常分为两个亚目。①蝶亚目。触角末端膨大，棒状；休息时两翅竖立在背上；翅颜色艳丽，白天活动。如凤蝶、菜粉蝶等；②蛾亚目。触角形式多样，丝状、栉状、羽状等；休息时翅叠在背上呈屋脊状；多夜间活动。如黏虫、棉铃虫、二化螟、家蚕等。

鞘翅目（Coleoptera）：口器咀嚼式；触角形式变化极大，丝状、锯齿状、锤状、膝状、鳃片状等。前翅角质，厚而坚硬，停息时在背上左、右相接成一直线。后翅膜质，常折叠藏于前翅下，脉纹稀少。中胸小盾片小，三角形，露于体表。完全变态。如金龟子、天牛、叩头虫、黄守瓜、瓢虫等。

膜翅目（Hymenoptera）：体微小至中型，体壁坚硬；头能活动；复眼大；触角丝状、锤状或膝状；口器一般为咀嚼式，蜜蜂总科为嚼吸式；前翅大、后翅小，皆为膜翅，透明或半透明，后翅前缘有1列小钩，可与前翅相互联结。前翅前缘有一加厚的翅痣。腹部第1节并入胸部，称并胸腹节（propodeon），第2节多缩小成腰状的腹柄（petiole）；末端数节缩入，仅可见6～7节。产卵器发达，多呈针状，有蜇刺能力。完全变态。如姬蜂、赤眼蜂、叶蜂、蜜蜂、胡蜂等。

双翅目（Diptera）：只有1对发达的前翅，膜质，脉相简单；后翅退化为平衡棒；复眼大；触角丝状、念珠状、具芒状、环毛状；口器刺吸式、舐吸式。完全变态，幼虫蛆形。如蚊、蝇、虻等。

图10-14　昆虫纲常见目的代表种类（1）

图10-15　昆虫纲常见目的代表种类（2）

图10-16　昆虫纲常见目的代表种类（3）

五、作业与思考

1. 列举昆虫纲各主要目及其常见代表种类及重要经济昆虫。

2. 将所鉴定昆虫的主要特征列表记录，记录内容应包括虫名、标本编号、口器、翅、足、触角类型和其他主要特征及所属目等。

3. 根据自己所鉴定的昆虫，编制一个简单的检索表（至少包括 8 个以上的常见目）。

鱼的综合实验

一、实验原理

　　鱼类为适应水生生活的脊椎动物，种类多，淡水鱼类种类最多的是鲤科。本实验解剖的鲤鱼（*Cyprinus carpio*）、草鱼（*Ctenopharyngodon idella*）、鲫鱼（*Carassius auratus*）均为常见的鲤科经济鱼类。它们具有鱼的标准体型，体表表皮具有黏液层，真皮层衍生出圆鳞。鱼体的生长在鳞片上形成生长线，可用于判定鱼的年龄。无颌齿，但有不同形状的咽喉齿用于磨碎、切割食物。用鳃呼吸，4对全鳃，鳃耙的长度、数量因食性而不同。消化道分化简单，消化腺较发达，很多种类的肝、胰没有分开。单循环，1心室1心房，心室向前发出腹大动脉，其基部膨大为动脉球。肾为中肾（背肾），在前方发展出头肾。鲤科鱼类属于管鳔类，有鳔管连通至食管，前鳔室前端有两组韦氏小骨（韦伯器）连接内耳；草鱼为植食性，鲤鱼和鲫鱼为杂食性。

二、实验目的

1. 观察骨骼标本，了解鱼类的骨骼系统特点。
2. 学习利用鳞片上的生长线推测鱼类年龄的方法。
3. 掌握鱼类活体采血技术、硬骨鱼的一般测量方法及解剖方法。
4. 通过对鲤科鱼类的外形和内部构造的观察，了解硬骨鱼的主要特征及适应水生生活的形态结构特征。
5. 比较鲤鱼、草鱼和鲫鱼三种鲤科鱼类内部结构的异同。

三、实验用具及材料

1. 普通光学显微镜，体视显微镜，解剖盘，解剖工具，载玻片，胶布，棉球，直尺，电子秤，注射器（5 mL），针头（5～6号）。
2. 肝素（或其他抗凝血剂）。
3. 活体鲤鱼、鲫鱼、草鱼，鱼类骨骼标本，鱼类鳞片（如鲢鱼）。

四、实验操作与观察

两人一组，一组一条鱼，不同组可用不同鱼种，进行组间不同鱼种的比较观察。

（一）骨骼标本观察

观察鲤鱼骨骼标本（图 11-1），熟悉鱼类的主要骨骼及其特征，熟悉脊椎骨的结构。观察时注意理解以下知识点：①鱼类头骨骨块数多；②脊柱分化为躯干椎和尾椎；③尾椎椎骨上有髓棘，下有脉棘。

▶ 实验动物采血方法

图11-1　鲤鱼骨骼

（二）鱼体尾动脉（或尾静脉）采血

1. 取灭菌干燥的 5 mL 注射器和 5（或 6）号针头，吸取少量抗凝血剂（肝素等）润湿针管。

2. 在鱼体尾部采血处用镊子夹去几片鱼鳞。

3. 可以从鱼体尾部侧面采血，也可以从尾部腹面采血。尾部侧面采血如图 11-2：在侧面中线处（侧线鳞）去掉 2 枚鳞片，持稳鱼体，注射器针头扎入鱼体一定深度后，能感觉针头触碰脊椎骨，然后针头向脊椎骨下面滑动，若针头正好进入脉棘基部的脉弓中，则有血液流入针管。尾部腹面采血：持注射器在鱼体尾部臀鳍后约 5 mm 处、针头与鱼体轴垂直进针，当手感针尖从两相邻尾椎骨的脉棘间穿过，抵达椎体时，即到达尾动脉（或尾静脉）；进针后，将针头前后、左右试探，当感觉针头刺入较软的陷窝时即可；抽取血液使之进入针管内，抽血速度不宜太快或太慢，以免溶血。此外，还可以从鳃血管以及腹大动脉等处采血。

图11-2　鱼的尾部采血

（三）外形观察

鱼的身体可区分为头部、躯干部和尾部 3 部分（图 11-3）。

1. 头部

自吻端至鳃盖后缘为头部。口位于头部前端，鲤鱼口的每一边有 2 条口须（鲫鱼等无口须）。吻背面有外鼻孔 1 对，没有内鼻孔。眼 1 对，位于头部两侧，形大而圆，无眼睑（图 11-4）。眼后头部两侧为宽扁的鳃盖（operculum），鳃盖后缘有膜状的鳃盖膜（branchiostegal membrane），借此覆盖鳃孔（gill opening）。

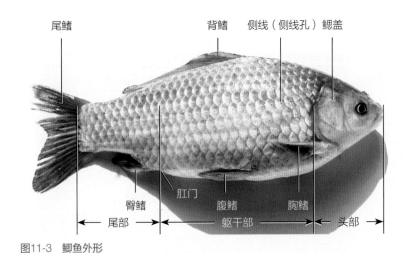

图11-3　鲫鱼外形

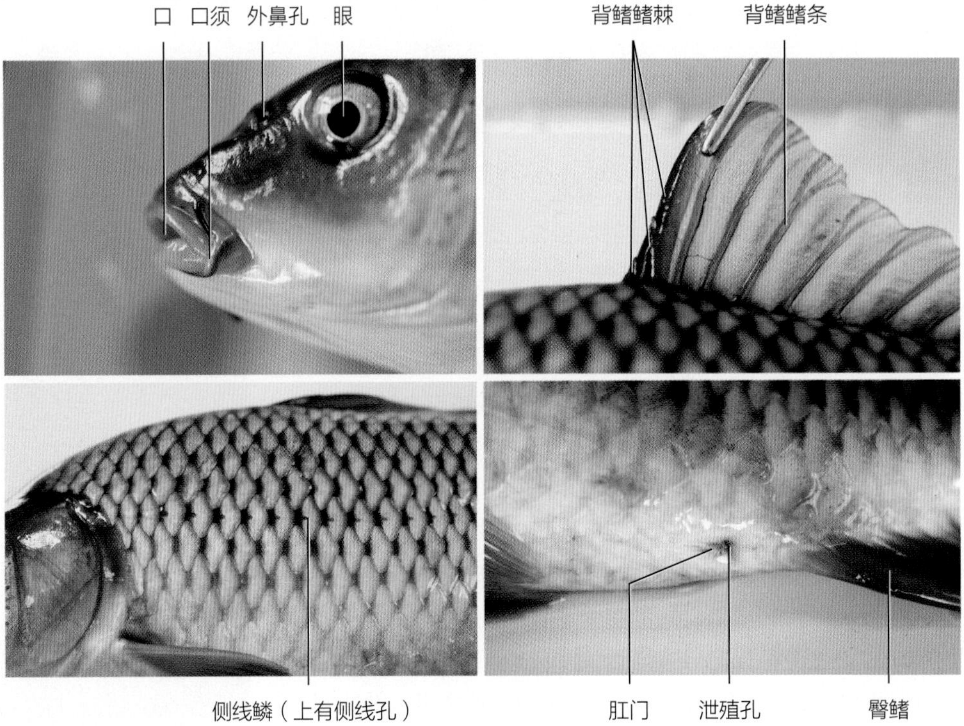

图11-4　鲤鱼的外部特征

2. 躯干部和尾部

自鳃盖后缘至肛门后缘为躯干部；自肛门后缘至尾鳍基部最后一枚锥骨为尾部。躯干部和尾部体表被以覆瓦状排列的圆鳞（cycloid scale），鳞外覆有一层湿滑的黏液层（表皮层）。躯体两侧从鳃盖后缘到尾部，各有 1 条由鳞片上的小孔排列成的点线结构，即侧线（lateral line），被侧线孔穿过的鳞片称侧线鳞。体背和腹侧有鳍（fin），背鳍（dorsal fin）1 个，臀鳍（anal fin）1 个，尾鳍（caudal fin）末端凹入分成上下对称的两叶，为正尾型；胸鳍（pectoral fin）1 对，位于鳃盖后方左、右两侧；腹鳍（pelvic fin）1 对，位于胸鳍之后，肛门之前，属腹鳍腹位；肛门紧靠臀鳍起点基部前方。

（四）硬骨鱼的一般测量

观察后，用直尺和电子秤对鱼体以下数据进行测量记录：体长、躯干长、头长、吻长、尾长、尾柄长、体高、尾柄高、体重、鳞式、鳍式。测量方法见本书实验 13。

鳞式：侧线鳞数 $\dfrac{\text{侧线上鳞数}}{\text{侧线下鳞数}}$。侧线鳞数：从鳃盖后方直达尾部的一列侧线鳞（带孔的鳞片）的数目；侧线上鳞数：从背鳍起点斜列到侧线鳞的鳞数；侧线下鳞数：从臀鳍起点斜列到侧线鳞的鳞数。例如，鲤鱼的鳞式：$34\sim38\dfrac{5}{8}$，表示鲤鱼的侧线鳞为 34～38 片，侧线上鳞为 5 片，侧线下鳞为 8 片。

鳍条和鳍棘：鳍由鳍条（fin ray）和鳍棘（fin spine）组成（图 11-4）。鳍条柔软而分节，末端分支的为分支鳍条（branched fin ray），末端不分支的为不分支鳍条；鳍棘坚硬，由左、右两半组成的鳍棘为假棘，不能分为左、右两半的鳍棘为真棘。

鳍式：一般用 D 代表背鳍，P 代表胸鳍，V 代表腹鳍，A 代表臀鳍，C 代表尾鳍。用罗马数字表示鳍棘数目，用阿拉伯数字表示鳍条数目。例如，鲤鱼的鳍式为 D. Ⅲ～Ⅳ，18～19；P. Ⅰ，16～18；V. Ⅱ，8～9；A. Ⅲ，5～6；C. 20～22。

（五）年轮的观察

鱼类通常在春、夏季生长很快，进入秋季生长开始转慢，冬季甚至停止生长。这种周期性不均衡的生长，如同树木年轮一样，也同样会反映在鱼的鳞片或骨片上，鳞片表面形成一圈一圈的环纹（生长线），有间距较宽的"夏轮"和较窄的"冬轮"。这种周期性变化可作为鱼年龄判定的依据。目前常用作鱼类年龄判定的材料有鳞片、耳石、脊椎骨等，这里介绍采用鳞片判定年龄的方法。

不同鱼类鳞片形成环纹的具体情况不同，因而年轮特征也不同。大多数鲤科鱼类的年轮属切割型。这类鱼鳞片的环纹在同一生长周期中的排列都是互相平行的，但与前、后相邻的生长周期所形成的排列环纹呈现切割现象（图 11-5），这就是 1 个年轮。

1. 摘取鳞片

取鱼体前半部的鳞片。

2. 装片

将鳞片夹在两块载玻片中间，直接在普通光学显微镜低倍镜下观察。可用胶布固定玻片两端后观察。

3. 观察

（1）先用肉眼观察，鳞片在外观上可分为前、后两部分，前部埋入真皮内，后部露在真皮外并覆盖住后一鳞片的前部。比较前、后两部分的范围和色泽有何差别。

（2）将玻片置于体视显微镜下，先用低倍镜观察鳞片的轮廓。前部是形成年轮的区域，亦称为顶区；上、下侧称为侧区。在透明的前部，可见到清晰的环片轮纹，它们以前、后部交汇的鳞焦为圆心平行排列（图11-5）。

（3）将鳞片顶区和侧区的交接处移至视野中，换高倍物镜仔细观察，寻找生长环纹的切割环，判定鱼的年龄。如果生长线均为平行线，则为1龄内个体；如果是较大的个体，在鳞片上可能会存在数个年轮。

图11-5　鲢鱼的鳞片（左为年间生长线切割，右为3龄个体的鳞片）

（六）解剖与内部观察

▶ 鱼解剖

如图11-6，将鱼置于解剖盘中，用剪刀在肛门前与体轴垂直方向剪一小口，从此开口向前沿腹部中线剪开至下颌（剪时挑起体壁，尽量向前剪开）。使鱼侧卧，左侧向上，自肛门前的开口向背方剪到脊柱，沿脊柱下方、腹腔边缘向前剪至鳃盖后缘（尽量提起体壁，看清位置再剪），再沿鳃盖后缘剪至下颌，这样可将左侧体壁肌肉揭起，使内脏暴露。用棉球拭净器官周围的血迹及组织液，出血过多时可用清水轻轻冲洗掉血污后再观察。

1. 原位观察

鲤科鱼类内部结构类似（图11-7～图11-9），在腹腔前方、最后1对鳃弓的腹方，有

图11-6　鱼的解剖步骤

一小腔，为围心腔（pericardial cavity），它借横膈与腹腔分开。心脏位于围心腔内，心脏背上方有头肾（head kidney）。在腹腔里，脊柱腹方是白色囊状的鳔（swim bladder），覆盖在前、后鳔室之间的三角形暗红色组织，为肾的主体部分。鳔的腹方是长形的生殖腺（gonad），成熟个体雄性为乳白色的精巢（图11-7），雌性为黄色的卵巢（图11-8）。腹腔腹侧盘曲的管道为肠管，在肠管之间的系膜上，有暗红色、弥散状分布的肝胰脏（hepatopancreas）（鲤鱼和鲫鱼），草鱼为独立出来、靠前的暗红色肝。

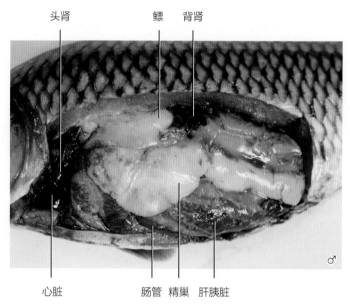

图11-7 鲤鱼内部结构原位观察

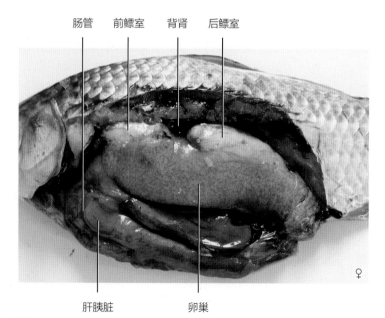

图11-8 鲫鱼内部结构原位观察

2. 生殖系统

由生殖腺和生殖导管组成。

（1）生殖腺（gonad）　生殖腺外包有极薄的膜。雄性有精巢（testis）1对，性未成熟时往往呈淡红色，性成熟时纯白色，呈扁长囊状（图11-7）；雌性有卵巢（ovary）1对，性未成熟时为淡橙黄色，呈长带状，性成熟时呈微黄红色，呈长囊形，几乎充满整个腹腔，内有许多小型卵粒（图11-8）。

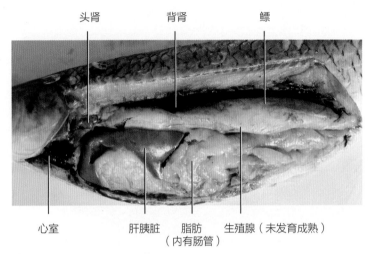

图11-9　草鱼内部结构原位观察

（2）生殖导管（reproductive duct）　生殖腺表面的膜向后延伸的短管，即输精管或输卵管。左、右输精管或输卵管在后端汇合后通入泄殖窦（urogenital sinus），泄殖窦以泄殖孔开口于体外。观察完毕，移去左侧生殖腺，以便观察消化器官。

3. 消化系统

包括口腔、咽、食管、胃、肠和肛门组成的消化管及肝胰脏和胆囊等消化腺结构（图11-10）。

（1）食管（esophagus）　消化管最前端为食管，食管很短。

（2）胃（stomach）和肠（intestine）　用圆头镊子将盘曲的肠管展开。食管之后为一略粗的短管，即为胃，其后为较细的肠。外观上看，胃、肠只是粗细上略有不同。肠的前2/3段为小肠，后部为大肠，最后一部分为直肠，外观无明显区别，直肠以肛门开口于臀鳍基部前方。

（3）肝胰脏（hepatopancreas）　鲤鱼和鲫鱼的肝和胰没有分开，胰组织弥散在肝组织中，故称肝胰脏，呈红褐色，分布在鲤鱼和鲫鱼的肠系膜上（肠管之间）。草鱼的肝没有分布在肠系膜上，而是单独出来呈暗红色宽大片状。

（4）胆囊（gall bladder）　为一暗绿色的圆囊，位于肠管前部右侧，大部分埋在肝胰脏内。

观察完毕，移去消化管及肝胰脏，以便观察其他器官。

测量鱼的肠长度和称量胆囊质量，并记录。

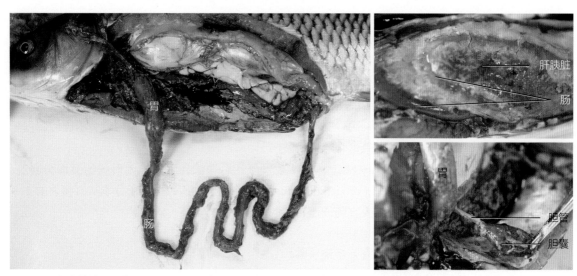

图11-10 鲤鱼的消化系统

4. 鳔与韦伯器

腹腔消化管背方的银白色胶质气囊为鱼的鳔（swim bladder）（图 11-11、图 11-12），从头后一直伸展到腹腔后端，分前、后 2 室，后鳔室腹面有一细管通向食管，鲤科鱼类属于管鳔类。

在前鳔室最前端中部所接触的头骨处，试用镊子夹取韦伯器（Weberian organ）（图 11-11），一般可取出三角骨和间插骨，三角骨与鳔膜相连。韦伯器的作用是什么？观察完毕，移去鳔。

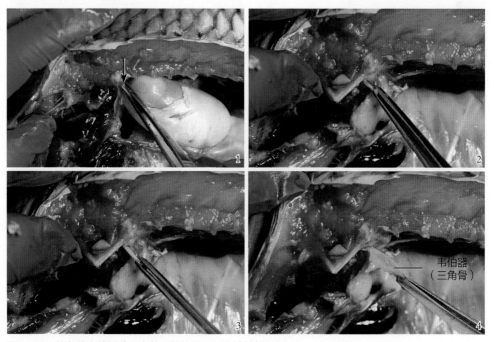

图11-11 鲤鱼的韦伯器（示韦伯器的位置、取出过程）

5. 排泄系统

包括肾、输尿管和膀胱（图 11-12）。

（1）肾（kidney） 1 对，紧贴于腹腔背壁正中线，合并为红褐色狭长形器官；在鳔的前、后室相接处，肾扩大。背肾的前端体积增大向腹面扩展，进入围心腔，位于心脏的背方，为头肾（head kidney），是拟淋巴腺。

（2）输尿管（ureter） 于肾最宽处向后通出 1 对细管，即输尿管，沿腹腔背壁后行，在近末端处 2 条管汇合通入膀胱。

（3）膀胱（urinary bladder） 2 条输尿管后端汇合后稍扩大形成的囊即为膀胱，其末端开口于泄殖窦（urogenital sinus）。可在未解剖前，用镊子分别从臀鳍前的 2 个孔插入，观察它们进入直肠或泄殖窦的情况。

6. 循环系统

主要观察心脏，血管系统从略。

心脏位于围心腔内，由 1 心室、1 心房和静脉窦等组成（图 11-12）。

（1）心室（ventricle） 淡红色，其前端有一白色厚壁的圆锥形小球为动脉球（bulbus arteriosus），自动脉球向前连有 1 条较粗大的血管，为腹大动脉（ventral aorta）。

（2）心房（atrium） 位于心室的背侧面，暗红色，薄囊状。

（3）静脉窦（sinus venosus） 位于心房后端，暗红色，壁很薄，不易与心房区分。

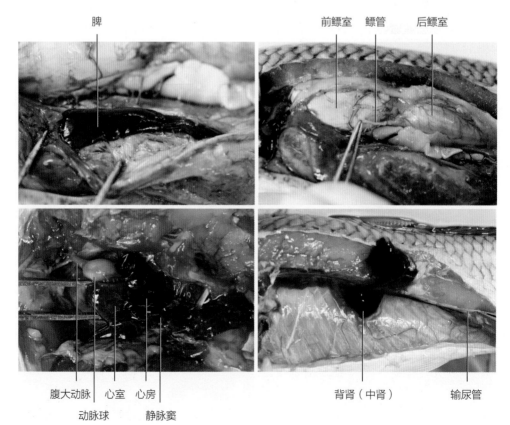

图11-12 鲤鱼的内脏器官（示脾、鳔、心脏、肾）

7. 口腔与咽

将剪刀伸入口腔，剪开口角去除鳃盖，以暴露口腔和鳃。

（1）口腔（mouth cavity）　口腔由上、下颌包围而成，颌无齿，口腔背壁由厚的肌肉组成，表面有黏膜。

（2）咽（pharynx）　口腔之后为咽部，其左、右两侧有鳃，支持鳃的为鳃弓，共5对。第5对鳃弓特化成下咽骨，其底部内侧着生咽齿（图11-13）。鲤鱼咽齿一侧有3行，齿式为1.1.3/3.1.1；鲫鱼的咽齿一侧仅1行，齿式为4/4；鲢鱼和鳙鱼的咽齿一侧都为1行；草鱼每侧有2行咽齿。对比观察不同鱼的咽齿形状和齿式，并记录描述。在下面观察鳃的步骤完成后，将外侧的4对鳃除去，暴露第5对鳃弓，可见咽齿与咽背面的基枕骨角质垫相对，能磨碎食物。

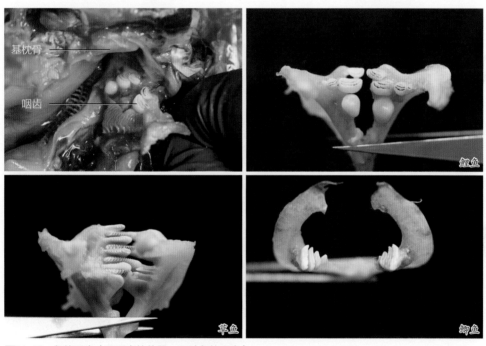

图11-13　鱼的咽齿（示咽齿的位置，三种鱼的咽齿）

8. 鳃

鳃是鱼类的呼吸器官。鲤鱼的鳃由鳃弓、鳃耙、鳃片组成，鳃间隔退化（图11-14）。

（1）鳃弓（gill arch）　位于鳃盖之内，咽的两侧，共5对。每个鳃弓内缘凹面生有鳃耙；第1~4对鳃弓外缘并排长有2片鳃片，第5对鳃弓没有鳃片。

（2）鳃耙（gill raker）　为鳃弓内缘凹面上成行的突起。第1~4对鳃弓各有2行鳃耙，左、右互生，第1对鳃弓的外侧鳃耙较长，第5对鳃弓只有1行鳃耙。

对比观察不同鱼的鳃耙形态，记录鳃弓上的一行鳃耙数。结合下咽齿情况，理解其与鱼食性的关系。

（3）鳃片（gill lamella）　薄片状，活体呈红色。每个鳃片称半鳃，长在同一鳃弓

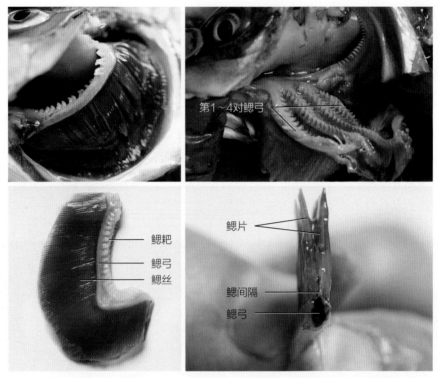

第1~4对鳃弓

鳃耙
鳃弓
鳃丝

鳃片

鳃间隔
鳃弓

图11-14　鲤鱼的鳃

上的 2 个半鳃合称全鳃。每 1 鳃片由许多鳃丝组成，每 1 鳃丝两侧又有许多突起状的
鳃小片，鳃小片上分布着丰富的毛细血管，是气体交换的场所。横切鳃弓，可见 2 个
鳃片之间退化的鳃间隔（interbranchial septum）。

9. 脑

从两眼眶下剪，沿体长轴方向剪开头部背面骨骼，再在两纵切口的两端间横剪，
小心地移去头部背面骨骼，用棉球吸去或用细水流轻轻冲去银色发亮的脑脊液，白色
的脑组织便显露出来（图 11-15）。

（1）端脑（telencephalon）　由嗅脑（rhinencephalon）和大脑半球（cerebral
hemisphere）组成。大脑呈小球状，位于脑的前端，其顶端有 1 对棒状的嗅束
（olfactory tract），嗅束末端为椭圆形的嗅球（olfactory bulb），嗅束和嗅球构成嗅脑。

（2）中脑（midbrain）　受小脑瓣所挤而偏向两侧，各成半月形突起，又称为视
叶（optic lobe）。用镊子轻轻托起端脑，略微掀起整个脑，可见在中脑位置的颅骨有
1 个陷窝，其内有一白色近圆形小颗粒，为内分泌腺垂体（pituitary gland）。

（3）小脑（cerebellum）　球形，表面光滑，前方伸出小脑瓣突入中脑。

（4）延脑（medulla oblongata）　由 1 个面叶和 1 对迷走叶组成。面叶居中，其前
部被小脑遮蔽，只能见到其后部；迷走叶较大，左、右成对，在小脑的后两侧。延脑
后部变窄，连接脊髓（spinal cord）。

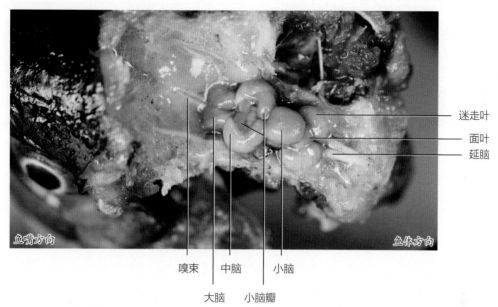

迷走叶
面叶
延脑

鱼嘴方向

鱼体方向

嗅束   中脑   小脑

大脑   小脑瓣

图11-15 鲤鱼的脑

五、作业与思考

1. 分析鱼体测量的体长、体重、肠长度、胆囊质量等数据，结合鳃耙数和下咽齿，对比说明不同鱼的食性。

2. 根据原位观察，绘制鲤鱼的内部解剖图，注明各器官名称。

3. 总结鱼类适应水生生活的形态结构特征。

牛蛙（或蟾蜍）外形观察与解剖

一、实验原理

两栖类生活离不开水环境。首先繁殖离不开水，体外受精、体外水环境中发育；从鳃呼吸的幼体要变态为肺呼吸的成体，肺的结构就会很简单、不完善，呼吸还需要皮肤来辅助，因此两栖类的皮肤通透性高，血管丰富，皮下淋巴腔发达；皮肤的这种特点不能有效防止体内水分散失，这使两栖类分布局限在淡水及陆上潮湿环境中。不完善的结构还包括循环系统的心脏，1心室2心房，仍然有动脉圆锥；背部长条形的肾仍属于无羊膜类的中肾；精巢连接于背肾，输精、输尿共用同一管道；蟾蜍有性逆转现象，雄性精巢上方有毕特氏器（退化的卵巢），一定条件下会发育为卵巢，同时精巢退化。两栖类对环境的敏感使其常成为环境指示生物，在发育生物学、神经生物学、动物生理学和污染生态学的研究中广泛作为实验动物。本实验选用牛蛙（*Rana catesbeiana*）活体或黑眶蟾蜍（*Bufo melanostictus*）浸制标本。牛蛙个体大，属于外来物种，目前已成为我国常见的水产养殖品种；黑眶蟾蜍为我国南方常见物种。

二、实验目的

1. 通过对牛蛙（或蟾蜍）外形和内部构造的观察，掌握两栖类的主要特征。
2. 熟悉蛙蟾类的内部结构，学习蛙蟾类的一般解剖方法。

三、实验用具及材料

1. 体视显微镜，放大镜，解剖工具，蜡盘或解剖盘，培养皿，大头针。
2. 黑眶蟾蜍浸制标本，牛蛙活体，蛙（或蟾蜍）整体骨骼标本。

四、实验操作与观察

（一）骨骼标本观察

观察蟾蜍骨骼标本（图 12-1）。蛙蟾类骨骼系统包括中轴骨和附肢骨，中轴骨分为头骨和脊柱，蛙蟾类头骨脑颅扁平、窄，无眶间隔；枕骨大孔双枕髁，后接颈椎；两栖类脊柱分为颈椎（1 枚）、躯干椎、荐椎（1 枚）和尾椎；躯干椎两侧没有肋骨，1 枚荐椎横突发达，连接腰带的髂骨；蛙蟾类尾椎合为一根尾杆骨。

肩带由肩胛骨、锁骨和乌喙骨构成，肩胛骨分出上肩胛骨，绕到躯干椎的背方；牛蛙的肩带为固胸型肩带，蟾蜍的为弧胸型肩带。

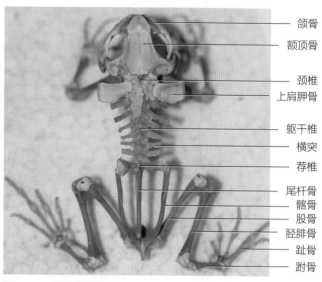

图12-1　黑眶蟾蜍骨骼

（标注：颌骨、额顶骨、颈椎、上肩胛骨、躯干椎、横突、荐椎、尾杆骨、髂骨、股骨、胫腓骨、趾骨、跗骨）

（二）外形观察

将牛蛙（或蟾蜍）置于蜡盘内，观察其身体可分为头部、躯干部和四肢 3 部分（图 12-2、图 12-3）。

1. 头部

牛蛙（或蟾蜍）头部扁平，略呈三角形，吻端稍尖。口宽大，横裂，由上、下颌组成。上颌背侧前端有 1 对外鼻孔（external naris）。眼大而突出，具上、下眼睑，下眼睑内侧有一半透明的瞬膜。轻触活体的眼睑，观察上、下眼睑和瞬膜的活动。两眼后方

（标注：跗、胫腓部、股、趾、前肢、外声囊、指、鼓膜、眼、外鼻孔）

图12-2　牛蛙外形

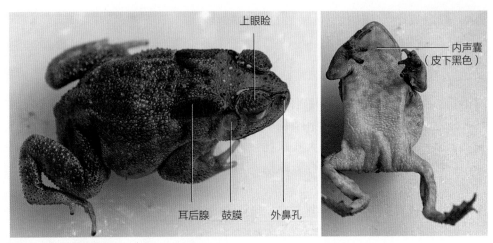

图12-3 黑眶蟾蜍外形

各有一圆形**鼓膜**（tympanic membrane）。牛蛙的鼓膜大而圆，雌性的鼓膜约与眼等大，雄性的则明显大于眼。蟾蜍的鼓膜较小，在眼和鼓膜的后上方有1对椭圆形隆起，为**耳后腺**（parotid gland）。雄性花背蟾蜍、黑眶蟾蜍咽部皮下有1个内声囊（internal vocal sac）；大蟾蜍无声囊；雄性牛蛙、黑斑蛙在口角两侧有1对外声囊（external vocal sac）。

2. 躯干部

鼓膜之后为躯干部。牛蛙（或蟾蜍）的躯干部短而宽，躯干后端两腿之间、偏腹侧中间有一小孔，为泄殖腔孔（cloaca pore）。

3. 四肢

前肢较短小，从近体侧起，依次区分为上臂（upper arm）、前臂（forearm）、腕（wrist）、掌（palm）、指（digit）5部分；4指，指间无蹼，指端无爪。生殖季节雄蛙（或雄蟾蜍）第1指（拇指）基部内侧有一膨大突起，称**婚垫**（nuptial pad）（图12-4），为抱对之用，可以牢固地抱住雌性。后肢长而发达，从近体侧起，依次区分为股（thigh）、胫（shank）、跗（tarsus）、跖（metatarsus）、趾（toe）5部分；5趾，趾间有蹼。

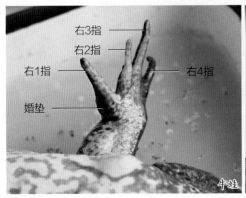

图12-4 两栖类的婚垫

4. 皮肤

蛙背部皮肤粗糙（蟾蜍皮肤更粗糙）。牛蛙背部皮肤颜色变异较大，多为绿色，通常杂有棕色斑点，腹面白色，散布褐色斑块。黑眶蟾蜍背部多为黑灰色，满布大小不等的疣粒；自吻端至鼻孔、上眼睑上方直达鼓膜上方，有黑色棱脊，故名黑眶蟾蜍（见图 12-3）。

蛙蟾类皮肤湿润，将牛蛙的皮肤剪开后，可以看到皮肤内表面有丰富的血管（图 12-5），与皮肤辅助呼吸有关；皮肤和腹壁间空隙大，皮下淋巴腔发达。

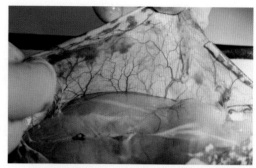

图12-5　牛蛙的皮肤

（三）解剖与内部观察

1. 活体处死方法

活体常用双毁髓法处死。左手握蛙，使其背部向上。用食指按压其头部前端，拇指按其背部，使头前俯。右手持解剖针自两眼之间沿中线向后端触划，当触到一凹陷处即枕骨大孔所在部位，将针垂直刺入枕骨大孔。然后将针尖向前刺入颅腔，在颅腔内搅动毁脑。如针确在颅腔内，则可感到针触及颅骨。再将针退至枕骨大孔，针尖转向后方，与脊柱平行刺入椎管，一边伸入，一边旋转毁髓，直到蛙后肢及腹部肌肉完全松弛。实验材料若为蟾蜍，操作中注意不要近距离注视耳后腺部位，防止耳后腺分泌物进入实验者眼内。

▶ 实验动物处死方法

2. 解剖方法

将牛蛙（或蟾蜍）腹面向上置于盘内，展开四肢。左手持镊，夹起腹面后腿基部之间泄殖腔孔稍前方的皮肤，右手持剪剪开一切口并由此处沿腹中线向前剪开皮肤（图 12-6），直至下颌前端。然后在肩带处向两侧剪开并剥离前肢皮肤；在股部做一环形切口，剥去皮肤至足部。

▶ 牛蛙解剖

若为浸制标本，可以剥去皮肤，观察腹壁和四肢的主要肌肉（图 12-7）。

用镊子将两后肢基部之间的腹直肌后端提起，用剪刀沿腹中线稍偏左自后向前剪开腹壁（这样不致损毁位于腹中线上的腹静脉，图 12-8），剪至剑胸骨处时，再沿剑胸骨的两侧斜剪，剪断乌喙骨和肩胛骨。用镊子轻轻提起剑胸骨，仔细剥离胸骨与围

图12-6　牛蛙的解剖

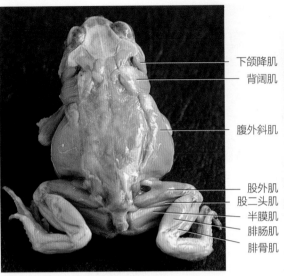

图12-7 黑眶蟾蜍的肌肉系统

下颌降肌
背阔肌
腹外斜肌
股外肌
股二头肌
半膜肌
腓肠肌
腓骨肌

内声囊
三角肌
胸肌
剑胸骨
腹直肌
股内肌
缝匠肌
大收肌
大内直肌

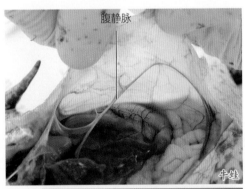

腹静脉

牛蛙

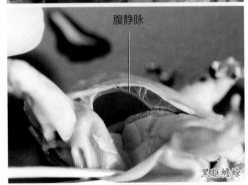

腹静脉

黑眶蟾蜍

图12-8 腹中线上的腹静脉

心膜间的结缔组织（注意勿损伤围心膜），最后剪去胸骨和胸部肌肉。

将腹壁中线处的腹静脉从腹壁上剥离（图 12-8），再将腹壁向两侧翻开，用大头针固定在蜡盘上。此时可见位于体腔前端的心脏、心脏两侧的肺、心脏后方的肝，以及胃、膀胱等器官（原位观察，图 12-9、图 12-10）。

3. 肌肉系统

（1）腹壁主要肌肉

腹直肌（rectus abdominis muscle）：位于腹部正中幅度较宽的肌肉，肌纤维纵行，起于耻骨联合，止于胸骨。该肌被其中央纵行的结缔组织（腹白线）分为左、右两半，每半又被横行的 4～5 条腱划分为几节。

腹斜肌（obliquus abdominis muscle）：位于腹直肌两侧的薄片肌肉，分内、外 2 层。腹外斜肌纤维由前背方向腹后方斜行。轻轻划开腹外斜肌可见到其内层的腹内斜肌，腹内斜肌纤维走向与腹外斜肌相反。

胸肌（pectoral muscle）：位于腹直肌前方，呈扇形。起于胸骨和腹直肌外侧的腱膜，止于肱骨。

（2）前肢肱部肌肉

肱三头肌（triceps brachii muscle）：位于肱部背面，为上臂最大的一块肌肉。起点有 3 个肌头，分别起于肱骨近端的上、内表面，肩胛骨后缘和肱骨的外表面，止于桡尺骨的近端。它是伸展和旋转前臂的重要肌肉。

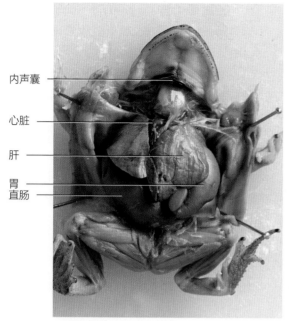

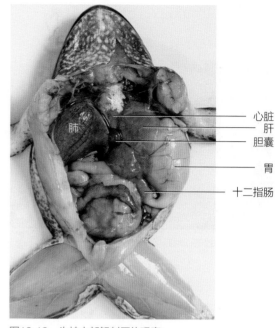

内声囊
心脏
肝
胃
直肠

心脏
肝
胆囊
胃
十二指肠
肺

图12-9　黑眶蟾蜍内部解剖原位观察　　　　　图12-10　牛蛙内部解剖原位观察

（3）后肢肌肉

股薄肌（gracilis）：位于大腿内侧，几乎占据大腿腹面一半，可使大腿向后和小腿伸屈。

缝匠肌（sartorius）：位于大腿腹面中线的狭长带状肌，肌纤维斜行，起于髂骨和耻骨愈合处的前缘，止于胫腓骨近端内侧。收缩时可使小腿外展，大腿末端内收。

股三头肌（triceps）：位于大腿外侧最大的一块肌肉。起点有 3 个肌头，分别起自髂骨的中央腹面、后面，以及髋臼的前腹面，其末端以共同的肌腱越过膝关节止于胫腓骨近端下方。收缩时，可使小腿前伸和外展。

股二头肌（biceps femoris）：一狭条肌肉，介于半膜肌和股三头肌之间且大部分被它们覆盖。起于髂骨背面、髋臼的上方，末端肌腱分为 2 部分，分别附着于股骨的远端和胫骨的近端。收缩时能屈曲小腿和上提大腿。

半膜肌（semimembranosus）：位于股二头肌后方的宽大肌肉，起于坐骨联合的背缘，止于胫骨近端。收缩时能使大腿前屈或后伸，并能使小腿屈曲或伸展。

腓肠肌（gastrocnemius）：小腿后面最大的一块肌肉，是生理学中常用的实验材料。起点有大、小 2 个肌头，大头起于股骨近端的屈曲面，小头起于股三头肌止点附近，其末端以 1 跟腱越过跗部腹面，止于跖部。收缩时能屈曲小腿和伸足。

胫前肌（tibialis anterior muscle）：位于胫腓骨前面。起于股骨远端，末端以 2 腱分别附着于跟骨和距骨。收缩时能伸直小腿。

腓骨肌（peroneus muscle）：位于胫腓骨外侧，介于腓肠肌和胫前肌之间。起于股骨远端，止于跟骨，收缩时能伸展小腿。

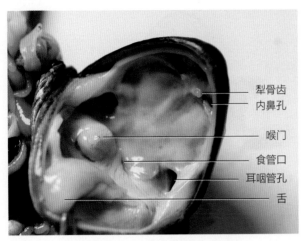

犁骨齿
内鼻孔
喉门
食管口
耳咽管孔
舌

图12-11 牛蛙的口咽腔

胫后肌（tibialis posterior muscle）：位于腓肠肌内侧前方。起于胫腓骨内缘，止于距骨。收缩时能伸足和弯足。

胫伸肌（extensor cruris muscle）：位于胫前肌和胫后肌之间。起于股骨远端，止于胫腓骨，收缩时能使小腿伸直。

4. 口咽腔

剪开左、右口角至鼓膜下方，令口咽腔全部露出，观察口咽腔中的结构（图12-11）。

（1）**舌**（tongue） 左手持镊将牛蛙（或蟾蜍）的下颌拉下，可见口腔底部中央有一柔软的肌肉质舌，其基部着生在下颌前端内侧，舌尖向后伸向咽部。右手用镊子轻轻将舌从口腔内向外翻拉出展平，可看到牛蛙的舌尖分叉（蟾蜍舌尖钝圆，不分叉），用手指触舌面有黏滑感。

（2）**内鼻孔**（internal naris） 1对椭圆形孔，位于口腔顶壁近吻端处，再找到外鼻孔，理解内鼻孔与外鼻孔的位置关系。

（3）**齿**（tooth） 沿上颌边缘有1行细而尖的牙齿，即颌齿（蟾蜍无颌齿）；在1对内鼻孔之间有2丛细齿，为**犁骨齿**（vomerine tooth）。

（4）**耳咽管孔**（opening of eustachian tube） 位于口腔顶壁两侧、口角附近的1对大孔，为耳咽管开口，用镊子由此孔轻轻探入，可通到鼓膜。

（5）**声囊孔**（opening of vocal sac） 雄蛙口腔底部两侧口角处、耳咽管孔稍前方有1对小孔即声囊孔。

（6）**喉门**（glottis） 在舌尖后方、咽的腹面有一圆形突起，该突起由1对半圆形杓状软骨构成，两软骨间的纵裂即喉门，是喉气管憩室（laryngotracheal diverticulum）在咽部的开口。

（7）**食管口**（opening of esophagus） 喉门的背侧、咽的后部位即食管前端的开口，为一皱襞状开口。

5. 消化系统

（1）**肝**（liver） 红褐色，位于体腔前端，心脏的后方，由较大的左、右2叶和较小的中叶组成（见图12-10）。在中叶背面，左、右2叶之间有一绿色圆形小体，即**胆囊**（gall bladder）。用镊子夹起胆囊，轻轻向后牵拉，可见胆囊前缘有2根胆囊管，1根与肝管连接，接收肝分泌的胆汁，1根与总输胆管相接，胆汁经总输胆管进入十二**指肠**（duodenum）。提起十二指肠，用手指挤压胆囊，可见有暗绿色胆汁经总输胆管而入十二指肠。

（2）**食管**（esophagus） 将心脏和左叶肝推向右侧，用钝头镊子自咽部的食管口探入，可见心脏背方有一乳白色短管与胃相连，即食管。

（3）**胃**（stomach） 为食管后端所连的1个弯曲的膨大囊状体。胃与食管相连处称贲门；胃与小肠交接处紧缩变窄，为幽门。胃内侧的小弯曲称胃小弯，外侧的弯曲称胃大弯，胃中间部称胃底。

（4）**肠**（intestine）　可分小肠和大肠 2 部。小肠自幽门后开始，向右前方伸出的一段为十二指肠，其后向右后方弯转并继而盘曲在体腔右后部，为回肠。大肠接于回肠，膨大而陡直，又称直肠，直肠向后通泄殖腔，以泄殖腔孔开口于体外。

（5）**胰**（pancreas）　为 1 条长形不规则的呈淡红色或黄白色的腺体，位于胃和十二指肠间的肠系膜上（图 12-12）。

另外，在直肠前端的肠系膜上，有一红褐色球状物，即**脾**（spleen），它是一淋巴器官。

将牛蛙或蟾蜍的胃剖开，取出胃内容物放在培养皿里，滴加清水将内容物摊开，再将胃内容物一一进行鉴定（可在镜下检查），记录能分辨清楚的食物类别。统计所有被解剖的牛蛙（或蟾蜍）的胃中所出现的食物类别及出现频次，可了解其食谱组成。

6. 呼吸系统

成体牛蛙（或蟾蜍）呼吸包括肺呼吸和皮肤呼吸。肺呼吸系统包括鼻腔、口腔、喉气管室和肺，其中鼻腔和口腔已经于口咽腔处观察过。

（1）**喉气管室**（laryngotracheal chamber）　左手持镊轻轻将心脏后移，右手用钝头镊子自咽部喉门处插入，可见心脏背方一短粗略透明的管子，即喉气管室，其后端通入肺。

（2）**肺**（lung）　位于心脏两侧的 1 对粉红色、近椭圆形的薄壁囊状物（见图 12-10、图 12-12）。剪开肺壁可见其内表面呈蜂窝状，其上密布微血管。

7. 泄殖系统

将消化器官移向一侧，再行观察。牛蛙（或蟾蜍）为雌雄异体，可互换不同性别

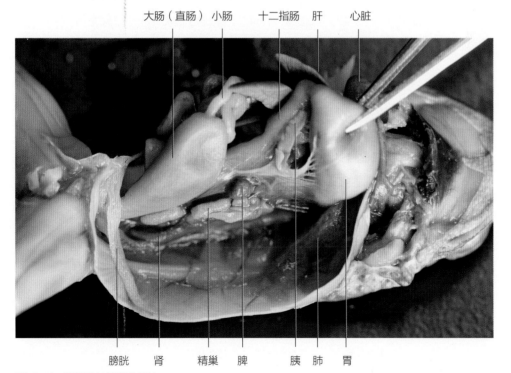

大肠（直肠）　小肠　　十二指肠　肝　　心脏

膀胱　肾　　精巢　脾　　胰　肺　胃

图12-12　黑眶蟾蜍的消化系统

的牛蛙（或蟾蜍）进行观察。

（1）排泄器官

肾（kidney）：为 1 对红褐色长而扁平的器官，位于体腔后部，紧贴背壁脊柱的两侧（图 12-13）。将其表面的腹腔膜剥离，即清楚可见。肾的腹缘中线处有 1 条黄褐色的**肾上腺**（adrenal gland），为内分泌腺体。

输尿管（ureter）：为两肾外缘近后端发出的 1 对薄壁的灰白色细管（图 12-14），亦

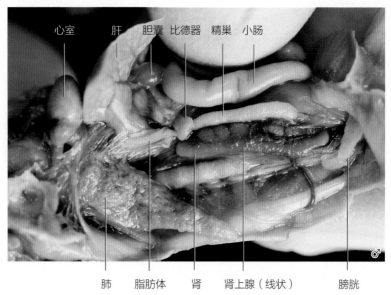

心室　肝　胆囊　比德器　精巢　小肠

肺　脂肪体　肾　肾上腺（线状）　膀胱

图12-13　黑眶蟾蜍的泄殖系统

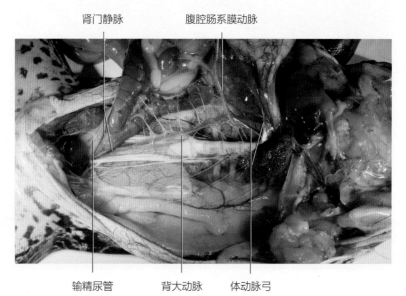

肾门静脉　　腹腔肠系膜动脉

输精尿管　　背大动脉　体动脉弓

图12-14　牛蛙的泄殖系统（示输尿管）

即输精尿管，它们向后延伸，通入泄殖腔背壁。

膀胱（urinary bladder）：为位于体腔后端腹面中央、连附于泄殖腔腹壁的一个 2 叶状薄壁囊。膀胱被尿液充盈时，其形状明显可见，当膀胱空时用镊子将它平展开，也可看到其形状。

泄殖腔（cloaca）：为粪、尿和生殖细胞共同通入的空腔，以单一的泄殖腔孔开口于体外。沿腹中线剪开耻骨，进一步暴露泄殖腔，用放大镜观察腔壁上的开口。

（2）雄性生殖器官

精巢（spermary）：1 对，位于肾腹面内侧，近白色，卵圆形（图 12-15）；蟾蜍的精巢常为长条形（图 12-13），前端还连有一个圆块状结构，为**比德器**（Bidder's organ），相当于退化的卵巢。

输精管（vas deferens）：用镊子轻轻提起精巢，可见由精巢内侧发出的许多细管即输精小管，它们通入肾前端。雄性牛蛙（或蟾蜍）的输尿管兼输精。

脂肪体（fat body）：位于精巢前端的黄色指状体，其体积大小在不同季节里变化很大。

（3）雌性生殖器官

卵巢（ovary）：1 对，位于肾前端腹面，形状、大小因季节不同而变化很大，未成熟时淡黄色（图 12-16），在生殖季节极度膨大，内有大量黑色卵（图 12-17）。

输卵管（oviduct）：为 1 对长而迂曲的管子，乳白色，位于输尿管外侧。其前端以喇叭状开口于体腔，后端在接近泄殖腔处膨大成囊状，为**子宫**（uterus）（图 12-17），开口于泄殖腔背壁。

脂肪体（fat body）：1 对，与雄性的相似，黄色，指状，临近冬眠季节时体积很大。

8. 循环系统

心脏位于体腔前端，在心脏腹面用镊子夹起透明的围心膜并剪开，心脏便暴露出来。观察心脏的外形及其周围血管。心脏内部结构的观察于血管系统观察后进行。如用繁殖季节的牛蛙（或蟾蜍），可将雌体体内的卵巢摘除再观察血管系统。

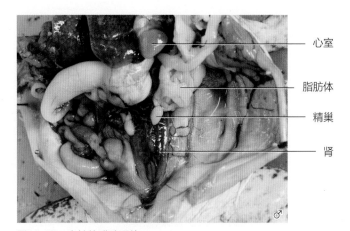

心室
脂肪体
精巢
肾

图12-15　牛蛙的泄殖系统

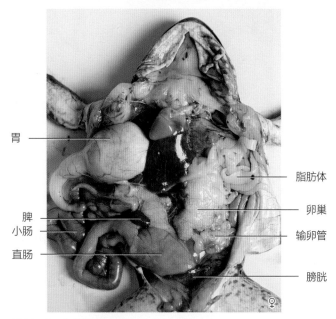

胃
脾
小肠
直肠
脂肪体
卵巢
输卵管
膀胱

图12-16　牛蛙的泄殖系统

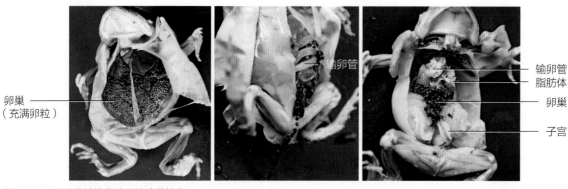

图12-17　黑眶蟾蜍的生殖系统（雌性）

卵巢（充满卵粒）

输卵管

输卵管
脂肪体
卵巢
子宫

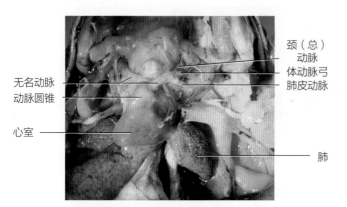

无名动脉
动脉圆锥
心室

颈（总）动脉
体动脉弓
肺皮动脉

肺

图12-18　牛蛙的心脏结构和动脉系统（活体）

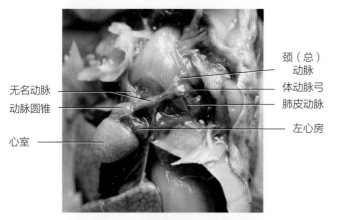

无名动脉
动脉圆锥
心室

颈（总）动脉
体动脉弓
肺皮动脉
左心房

图12-19　黑眶蟾蜍的心脏结构和动脉系统（浸制标本）

（1）心脏（图 12-18、图 12-19）

心房（atrium）：为心脏前部的 2 个薄壁的囊状体，左、右各一。

心室（ventricle）：1 个，连于心房之下的圆锥形肌肉质结构。

动脉圆锥（conus arteriosus）：由心室向右上方发出的 1 条较粗的肌肉质管，颜色与心室相近。其前端分为 2 支，即左、右无名动脉。

静脉窦（sinus venosus）：用镊子轻轻提起心尖，将心脏翻向前方，观察心脏背面，可见静脉窦，为心脏背面一暗红色三角形的薄壁囊。在心房和静脉窦之间有 1 条白色半月形界线即窦房沟，其左、右 2 个前角分别连接左、右前大静脉，后角连接后大静脉。

（2）动脉系统

用镊子仔细剥离心脏前方左、右动脉干（无名动脉）周围的肌肉和结缔组织，可见无名动脉穿出围心腔后，又分成 3 支，即颈（总）动脉、体动脉弓和肺皮动脉（图 12-18、图 12-19）。

颈（总）动脉（carotid artery）：颈（总）动脉是由动脉干发出的最前面的 1 支较细的血管。沿血管走向，用镊子清除其周围的结缔组织，即可见此血管前行不远，便分为外颈动脉和内颈动脉 2 支。

外颈动脉（external carotid artery）：由颈（总）动脉内侧发出，较细，直伸向前，分布于下颌和口腔壁。

内颈动脉（internal carotid artery）：由颈（总）动脉外侧发出的 1 支较粗的血管，

其基部膨大成椭圆形，称颈动脉腺，内颈动脉继续向外前侧伸到脑颅基部，再分支血管，分布于脑、眼、上颌等处。

肺皮动脉弓（pulmocutaneous arch）：由动脉干发出的最下面的 1 支动脉弓，它向背外侧斜行。仔细剥离其周围结缔组织，可见此动脉分为粗细不等的肺动脉和皮动脉。

肺动脉（pulmonary artery）：较细，直达肺囊，再沿肺囊外缘分支成许多微血管，分布到肺壁上。

皮动脉（cutaneous artery）：较粗，先向前伸，然后跨过肩部穿入背面，以微血管分布到体壁皮肤上。

体动脉弓（systemic arch）：体动脉弓是从动脉干发出的 3 支动脉的中间 1 支，最粗。左、右体动脉弓前行不远就绕过食管两旁转向背方，沿体壁后行到肾的前端，汇合成 1 条**背大动脉**（dorsal aorta），背大动脉后行途中再行分支。将胃、肠轻轻翻向右侧，即可见到左、右体动脉弓汇合处（图 12-20）。

左、右体动脉弓汇合成背大动脉后，由前至后端沿途发出的分支有：

腹腔肠系膜动脉（coeliaco-mesenteric artery）：为背大动脉在腹腔内的第 1 个分支（见图 12-14），是从背大动脉基部腹面发出的 1 支较粗的血管（有时此动脉在两体动脉弓汇合之前从左体动脉弓上发出）。此血管随即分为前、后 2 支：前支称腹腔动脉（coeliac artery），它再行分支分布到胃、肝、胰和胆囊上；后支称前肠系膜动脉（anterior mesenteric artery），分布到肠系膜、肠、脾和泄殖腔处。

泄殖动脉（urogenital artery）：背大动脉后行经过两肾之间时，从其腹面发出的多对细小的血管，分布到肾、生殖腺和脂肪体上。观察时，用镊子轻轻将背大动脉腹方的后大静脉和肾静脉略挑起，便可清楚地看到。

腰动脉（lumbar artery）：在荐部从背大动脉背侧发出的 1～4 对细小的动脉。将左肾翻向体腔右侧，用镊子轻轻挑起背大动脉，可见这些小血管分布到体腔的背壁。

后肠系膜动脉（posterior mesenteric artery）：继续沿背大动脉远端追踪，可见从背大动脉近末端（分叉处前）的腹面发出 1 条很细的血管，分布到后部的肠系膜、直肠和子宫（雌性）上，此即后肠系膜动脉。

髂总动脉（iliac artery）：将内脏推向体腔的一侧，可见背大动脉在尾杆骨中部分成左、右两大支，即左、右髂总动脉，分别进入左、右后肢（图 12-20）。

（3）静脉系统

静脉多与动脉并行，可分为肺静脉、体静脉和门静脉 3 组。

肺静脉（pulmonary vein）：用镊子提起心尖，将心脏折向前方，可见左、右肺的内侧各伸出 1 根细的静脉，右边的略长，在近左心房处，2 支细静脉汇合成 1 支很短的肺总静脉，通入左心房。

体静脉（systemic vein）：包括左、右对称的 1 对前大静脉和 1 条后大静脉。将心脏折向前方，于心脏背面观察。位于心脏两侧，分别通入静脉窦左、右角的 2 支较粗的血管，即左、右前大静脉，通入静脉窦后角的 1 支粗血管，即后大静脉。

肝静脉（hepatic vein）：由肝发出的短而粗的血管，进入后大静脉接近静脉窦的部位。

肝门静脉（hepatic portal vein）：将肝翻折向前，可见肝后面的肠系膜内有 1 条

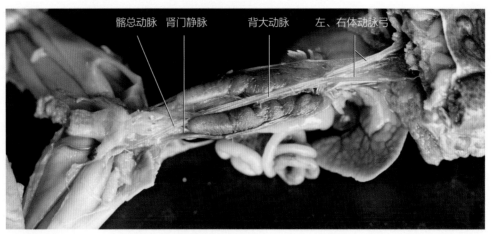

图12-20　黑眶蟾蜍的背大动脉（脊柱剪去后从背方观察）

短而粗的血管入肝，此即肝门静脉。仔细向后分离追踪，可见此血管是由来自胃和胰的胃静脉、来自肠和系膜的肠静脉和来自脾的脾静脉汇合而成的。肝门静脉前行至肝附近与腹静脉合并入肝。

　　肾门静脉（renal portal vein）：是位于左、右肾外缘的 1 对静脉（见图 12-14、图 12-20）。沿一侧肾外缘向后追踪，可见此血管由来自后肢的 2 条静脉，即臀静脉和髂静脉汇合而成，髂静脉为股静脉的 1 个分支。

　　腹静脉（abdominal vein）：为位于腹壁中线处，介于腹肌白线和腹腔膜之间的 1 条静脉（见图 12-8），其后端由来自后肢的左、右骨盆静脉汇合而成。此静脉沿腹中线前行至剑胸骨附近，离开腹壁转入腹腔。将肝翻折向前，可见腹静脉伸到肝，在胆囊左方分成 3 支，其中 2 支分别入肝的左、右叶，1 支汇入肝门静脉。

　　观察血管分布以后，用镊子提起心脏，用剪刀将心脏连同一段出、入心脏的血管剪下，用水将离体心脏冲洗干净，置体视显微镜下，用手术刀切开心室、心房和动脉圆锥的腹壁，观察心脏和动脉圆锥的内部结构。

9. 神经系统及感官

　　将牛蛙（或蟾蜍）内脏器官去除后，观察脊柱及其周边的脊神经；用剪刀剪开并去掉颅骨顶部，观察脑的结构。

　　（1）脑　大脑（cerebrum）两半球较鱼类发达（图 12-21），其前端为嗅叶（olfactory lobe），向前发出嗅神经。间脑（diencephalon）顶部有一个不发达的松果体（pineal），间脑底部向后有漏斗体（infundibulum）和垂体（pituitary gland）。中脑（midbrain）顶部为 1 对圆形的视叶（optic lobe）。两栖类的小脑（cerebellum）很不发达，为一不明显的横

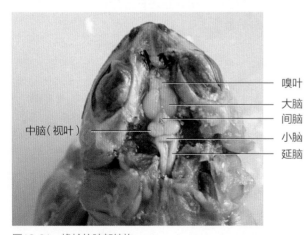

图12-21　蟾蜍的脑部结构

褶。延脑（medulla oblongata）后面和脊髓（spinal cord）相连。

（2）脊神经　两栖类有四肢、肩及腰部脊神经集聚成神经丛，前肢处有臂神经丛（brachial plexus），后肢有骶神经丛（sacral plexus），其中的坐骨神经（sciatic nerve）是全身最粗大的神经。牛蛙解剖去除内脏后（图12-22），可以用镊子夹捏通往后肢的坐骨神经，蛙腿会有相应的收缩反应。

（3）耳柱骨　两栖类上到陆地生活，听觉器官开始发生大的变化；出现中耳，鼓膜外露于体表，内有耳柱骨（columella）。揭去蛙蟾类鼓膜，会看到里面有1根短的柱状物，即为耳柱骨（图12-23）。

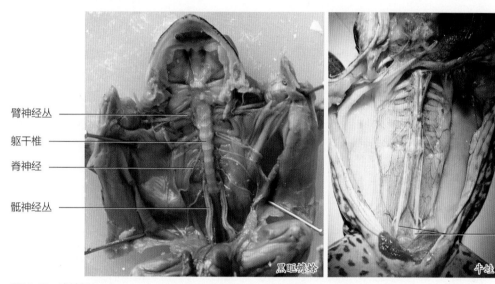

图12-22　脊神经

图12-23　蛙蟾类的耳柱骨

五、作业与思考

1. 总结两栖类初步适应陆生生活却又不完善的形态结构特征。

2. 比较牛蛙（或蟾蜍）和鲤鱼（或鲫鱼）肌肉、消化、呼吸、循环、泄殖系统结构的异同点。

鱼纲分类

一、实验原理

鱼类是适应水中生活的脊椎动物。地球上水体多样，广阔的生存空间栖息着多种多样的鱼类。鱼纲是脊椎动物中种类最多的一个纲，分为软骨鱼类和硬骨鱼类。硬骨鱼中的辐鳍亚纲的鱼类最为多见，其中以鲈形目种类最多，多为海产；淡水鱼类中鲤形目的种类是最多的。鱼类的分类检索表惯用括号式检索表。

二、实验目的

1. 了解鱼类的测量方法及常用分类术语，了解鱼类分类系统和分类特征。
2. 了解鱼类主要的目及其特征；认识常见的和有经济价值的种类。

三、实验用具及材料

1. 解剖盘，测量尺，放大镜。
2. 鱼类代表种的浸制标本。

四、实验操作与观察

（一）鱼类的一般测量和常用术语（图 13-1）

全长（total length）：自吻端至尾鳍末端的长度。

体长（body length）：自吻端至尾鳍基部的长度。

体高（body height）：躯干部最高处的垂直高度。

头长（head length）：由吻端至鳃盖后缘的长度。

躯干长（trunk length）：由鳃盖骨后缘到肛门的长度。

尾长（caudal length）：由肛门到尾鳍基部的长度。

尾鳍长（length of caudal fin）：由尾鳍基部到尾鳍末端的长度。

吻长（snout length）：由上颌前端到眼前缘的长度。

眼径（eye diameter）：眼的最大直径。

眼间距（distance of eyes）：两眼间的直线距离。

尾柄长（length of caudal peduncle）：臀鳍基部后端到尾鳍基部的长度。

尾柄高（height of caudal peduncle）：尾柄最低处的垂直高度。

颊部（buccal division）：眼的后下方和鳃盖骨的中间部分。

颏部（chin）：头部腹面两侧鳃膜中间向前与下颌之间的部分。

峡部（isthmus）：颏部后方，分隔两鳃腔的地方。

喉部（larynx）：鳃膜与胸鳍之间的部分。

腹部（abdomen）：躯干腹面。

胸部（thoracic region）：喉部后方，胸鳍基底之前。

鳞式（scale formula）：侧线鳞数 $\dfrac{\text{侧线上鳞数}}{\text{侧线下鳞数}}$。

鳍式（fin formula）：一般用 D 代表背鳍，A 代表臀鳍，C 代表尾鳍，P 代表胸鳍，V 代表腹鳍。用罗马数字表示鳍棘数目，用阿拉伯数字表示鳍条数目，鳍式中的半字线代表鳍棘与鳍条相连，逗号表示分离，罗马数字或阿拉伯数字中间的一字线示范围。

喷水孔（spiracle）：软骨鱼类两眼后方的开孔，与咽相通，为胚胎期第一对鳃裂退化而来。

鳍脚（clasper）：软骨鱼类的雄鱼在腹鳍内侧延长形成的棒状交配器官，有软骨支持。

背鳍（dorsal fin）特化：吸盘（sucking disk），鲫鱼头顶后的吸附器官，由第一背鳍特化。脂鳍（adipose fin），在背鳍后方的一个无鳍条支持的皮质鳍，由背鳍特化而成。不同种类的鱼，背鳍的数目有所不同。

腹鳍（pelvic fin）：有腹鳍腹位、腹鳍胸位、腹鳍喉位。

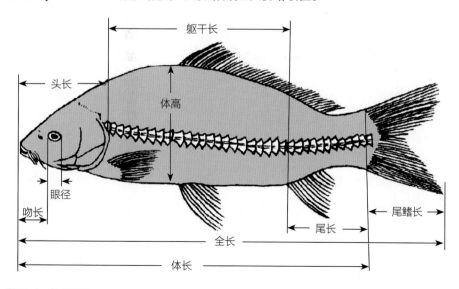

图13-1 鱼体测量

口（mouth）：硬骨鱼类依口所在的位置和上下颌的长短，分为口前位（口端位，如鲤鱼）、口下位（如鲟鱼）及口上位（如翘嘴红鲌）。

腹棱（ventral ridge）：指肛门到腹鳍基前的腹部中线隆起的棱，或到胸鳍基前的腹部中线隆起的棱，前者称腹棱不完全，后者称腹棱完全，如鲢鱼、鳙鱼。

棱鳞（keeled scale）：指某些鱼类的侧线或腹部呈棱状突起的鳞。

腋鳞（axillary scale）：指胸鳍的上角和腹鳍外侧扩大的特殊的鳞片。

（二）鱼纲分类

▶ 鱼纲分类

软骨鱼类（Chondrichthyans）
- 板鳃亚纲（Elasmobranchii）
  - 鲨形总目（Selachomorpha）
  - 鳐形总目（Batomorpha）
- 全头亚纲（Holocephali）

■ 鱼类代表种类介绍

硬骨鱼类（Osteichthyans）
- 肺鱼亚纲（Dipnomorpha）
- 总鳍亚纲（Crossopterygii）
- 辐鳍亚纲（Actinopterygii）

1. 板鳃亚纲（Elasmobranchii）

板鳃亚纲总目检索表

1（2）眼侧位；鳃裂开口于头的两侧；胸鳍正常，与体侧和头不愈合 ....鲨形总目（Selachomorpha）

2（1）眼上位；鳃裂开口于头的腹面；胸鳍与头和体侧愈合 ....鳐形总目（Batomorpha）

鲨形总目检索表

1（2）鳃裂6~7个；背鳍1个...................六鳃鲨目（Hexanchiformes）

2（1）鳃裂5个；背鳍2个

3（6）具臀鳍

4（5）鳍前方具一硬棘...................虎鲨目（Heterodontiformes）

5（4）鳍前方无硬棘...................真鲨目（Carcharhiniformes）

6（3）无臀鳍；硬棘或有或无...................角鲨目（Squaliformes）

鳐形总目检索表

1（4）头侧与胸鳍之间无大型发电器
2（3）尾粗大，具尾鳍；背鳍2个；无尾刺..........................鳐形目（Rajiformes）
3（2）尾部一般细小呈鞭状，尾鳍一般退化或消失；背鳍1个或无；常具尾刺
　　　..鲼形目（Myliobatiformes）
4（1）头侧与胸鳍之间有大型发电器..........................电鳐目（Torpediniformes）

2.　全头亚纲（Holocephali）

鳃裂4对，外被一膜状鳃盖，后具一总鳃孔。体表光滑无鳞。背鳍2个，鳍棘能竖立。无喷水孔。胸鳍很大，尾细长。雄性除鳍脚外，另具一对腹前鳍脚和一个额鳍脚。如黑线银鲛（*Chimaera phantasma*）。

3.　辐鳍亚纲（Actinopterygii）

各鳍有真皮性的辐射状鳍条支持。体被硬鳞、圆鳞或栉鳞，或裸露无鳞。种类极多，实验时可根据具体情况选择观察。

辐鳍亚纲主要目检索表

1（2）体背硬鳞或裸露；尾为歪形尾..........................鲟形目（Acipenseriformes）
2（1）体被圆鳞、栉鳞或裸露；尾一般为正形尾
3（6）体呈鳗形
4（5）左右鳃孔在喉部相连为一；无偶鳍，奇鳍也不明显..........................
　　　..合鳃目（Synbranchiformes）
5（4）左右鳃孔不相连；无腹鳍..........................鳗鲡目（Anguilliformes）
6（3）体不呈鳗形
7（24）背鳍无真正的鳍棘
8（21）腹鳍腹位；背鳍1个
9（12）上颌口缘常由前颌骨与上颌骨组成
10（11）无脂鳍；无侧线..........................鲱形目（Clupeiformes）
11（10）一般有脂鳍；有侧线..........................鲑形目（Salmoniformes）
12（9）上颌口缘一般由前颌骨组成
13（20）体具侧线
14（19）侧线正常，沿体两侧后行
15（16）通常两颌无牙，具咽喉齿；无脂鳍..........................鲤形目（Cypriniformes）
16（15）两颌具牙；一般具脂鳍
17（18）体被骨板或裸露无鳞；具口须..........................鲇形目（Siluriformes）

18（17）体被圆鳞；无口须.............................灯笼鱼目（Myctophiformes）

19（14）侧线位低，沿腹缘后行.............................颌针鱼目（Beloniformes）

20（13）体无侧线.............................鳉形目（Cyprinodontiformes）

21（8）腹鳍亚胸位或喉位；背鳍2～3个

22（23）体侧有一银色纵带；腹鳍亚胸位；背鳍2个，第一背鳍由不分支鳍条组成.............................银汉鱼目（Atheriniformes）

23（22）体侧无银色纵带，腹鳍亚胸位或喉位；背鳍1～3个.............................鳕形目（Gadiformes）

24（7）背鳍一般具棘

25（42）胸鳍基部不呈柄状；鳃孔一般位于胸鳍基底前方

26（27）吻延长，通常呈管状，边缘无锯齿状缘........刺鱼目（Gasterosteiformes）

27（26）吻不延长成管状

28（41）腹鳍一般存在；上颌骨不与前颌骨愈合

29（34）腹鳍无鳍棘，具1～17个鳍条

30（31）两颌无牙；体被圆鳞.............................月鱼目（Lampridiformes）

31（30）两颌具牙

32（33）尾鳍主鳍条18～19；臀鳍一般具3鳍棘.........金眼鲷目（Beryciformes）

33（32）尾鳍主鳍条10～13；臀鳍一般具1～4鳍棘............海鲂目（Zeiformes）

34（29）腹鳍一般具1鳍棘，5个以上鳍条

35（36）腹鳍腹位或亚胸位；2个背鳍分离颇远.............鲻形目（Mugiliformes）

36（35）腹鳍胸位；背鳍2个，接近或连接

37（40）体对称，头左右侧各有一眼

38（39）第二眶下骨不后延为一骨突，不与前鳃盖骨相连.............................鲈形目（Perciformes）

39（38）第二眶下骨后延为一骨突，与前鳃盖骨相连.............................鲉形目（Scorpaeniformes）

40（37）成体体不对称，两眼位于头的左侧或右侧.............................鲽形目（Pleuronectiformes）

41（28）腹鳍一般不存在，上颌骨与前颌骨愈合........鲀形目（Tetraodontiformes）

42（25）胸鳍基部呈柄状；鳃孔位于胸鳍基底后方............鮟鱇目（Lophiiformes）

（1）鲟形目 体形似鲨，口腹位，歪形尾，体裸露或被5行硬鳞，仅尾上具背鳍，吻发达。如中华鲟鱼（*Acipenser sinensis*）。

（2）鲱形目 背鳍1个，腹鳍腹位，各鳍均无硬棘。体被圆鳞，无侧线。如鲥鱼（*Ilisha elongata*）、鲥鱼（*Tenualosa reevesii*）、鳀鱼（*Engraulis japonicus*）、凤鲚（*Coilia mystus*）。

（3）鲑形目 体形和特征与鲱形目相似。常有脂鳍，具侧线。如大麻哈鱼

（*Oncorhynchus keta*）、大银鱼（*Protosalanx hyalocranius*）。

（4）鳗鲡目　体呈棍棒状，现存种类无腹鳍，鳃孔狭窄，背鳍与臀鳍无棘，很长，常与尾鳍相连。如鳗鲡（*Anguilla japonica*）。

（5）鲤形目　背鳍1个，腹鳍腹位。各鳍无真正的棘，具假棘。体被圆鳞或裸露。鳔有管，具韦伯器。多数种类具咽齿而无颌齿，多数为淡水鱼类。如青鱼（*Mylopharyngodon piceus*）、草鱼（*Ctenopharyngodon idella*）、鲢鱼（*Hypophthalmichthys molitrix*）、鳙鱼（*Aristichthys nobilis*）、团头鲂（*Megalobrama amblycephala*）、泥鳅（*Misgurnus anguillicaudatus*）等。

（6）鲇形目　身体裸露无鳞片，有触须数对，一般有脂鳍，胸鳍和背鳍常有一强大的鳍棘。如鲇鱼（*Silurus asotus*）、黄颡鱼（*Pelteobagrus fulvidraco*）。

（7）颌针鱼目　胸鳍位置偏于背方，鳍无棘，侧线位低，接近腹部。如颌针鱼（*Tylosurus anastomella*）。

（8）鳕形目　体被圆鳞，各鳍均无棘，鳔无管，腹鳍喉位。为渔业的重要捕捞对象。如太平洋鳕（*Gadus macrocephalus*）。

（9）刺鱼目　吻大多延长成管状，口前位。许多种类体被骨板。背鳍、臀鳍及胸鳍鳍条均不分支。背鳍1～2个，第一背鳍常为游离的棘组成。如日本海马（*Hippocampus japonicus*）。

（10）鲻形目　体被圆鳞或栉鳞。有2个分离的背鳍，第一背鳍由鳍棘组成，第二背鳍有一棘和若干鳍条组成，腹鳍由1棘5鳍条组成。如鲻鱼（*Mugil cephalus*）。

（11）合鳃目　体形似鳗。背、臀、尾鳍连在一起，鳍无棘，无偶鳍。左右鳃裂移至头的腹面，连在一起成一横缝。如黄鳝（*Monopterus albus*）。

（12）鲈形目　腹鳍胸位或喉位。背鳍2个，第一背鳍通常由鳍棘组成。体被栉鳞，鳔无管。主要为海产鱼类，种类繁多。如鳜鱼（*Siniperca chuatsi*）、罗非鱼（*Tilapia mossambica*）、真鲷（*Pagrosomus major*）、大黄鱼（*Larimichthys crocea*）、带鱼（*Trichiurus haumela*）、䲟鱼（*Echeneis naucrates*）、鲐鱼（*Pneumatophorus japonicus*）。

（13）鲽形目　成鱼身体不对称，两眼位于同一侧，鳍一般无棘，无鳔，背鳍和臀鳍通常很长，腹鳍胸位或喉位，营底栖生活；仔鱼左右对称，眼位于两侧。为重要经济鱼类。如牙鲆（*Paralichthys olivaceus*）、半滑舌鳎（*Cynoglossus semilaevis*）。

（14）鲀形目　体形较短，上颌骨与前颌骨愈合成特殊的喙，背鳍与臀鳍相对。鳃孔小。有些种类有气囊，能充气；一般无腹鳍，存在时为胸位。如河鲀（*Fugu*）。

（15）鮟鱇目　鳔无管，胸鳍适应底栖爬行，下面的辐状鳍条常延长且末端扩大，腹鳍喉位，第一背鳍变成特殊的诱引器官，诱捕食饵。我国有黄鮟鱇（*Lophius litulon*）和黑鮟鱇（*Lophiomus setigerus*）。

五、作业与思考

1. 记录所观察鱼的主要特征。
2. 编制所观察到的鲤形目中代表鱼类的检索表。

两栖纲和爬行纲分类

一、实验原理

两栖纲适应生活于陆地水域及潮湿环境，分布范围局限，种类不多，主要包括蝾螈类（有尾目）、蛙蟾类（无尾目）和蚓螈类（无足目）。有尾目分科主要看犁骨齿的形状，无尾目通过肩带弧胸型或固胸型区分为一般的蟾蜍和蛙类。爬行纲动物适应真正的陆生生活，栖息的地域更为广阔，种类也较两栖纲多。我国分布有龟鳖目、有鳞目和鳄目，有鳞目中常见的有蜥蜴（蜥蜴亚目）和蛇（蛇亚目）。

二、实验目的

1. 了解两栖纲、爬行纲分类鉴定术语及形体测量方法。
2. 学习使用检索表分类鉴定的方法。
3. 了解两栖纲、爬行纲分目、主要科及其特征，认识常见的及有经济价值的种类。

三、实验用具及材料

1. 放大镜，解剖镜，解剖针，镊子，解剖盘，直尺，卡尺。
2. 两栖纲及爬行纲代表种的浸制标本、剥制标本。

四、实验操作与观察

实验所用的浸制和剥制标本绝大多数均已改变原有色彩，为使学生认识动物的真实形态，可播放有关的录像、图片。

（一）无尾两栖类的身体量度（图 14-1）

吻肛长（snout vent length）：自吻端至体后端（肛门）。

吻长（snout length）：自吻端至眼前角。

眼径（eye diameter）：眼纵长距。

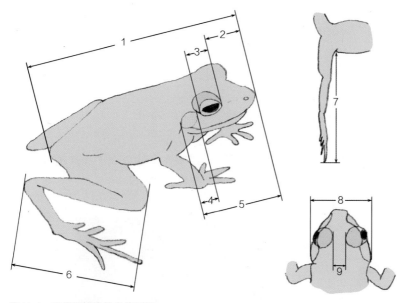

图14-1 无尾两栖类的身体测量

1. 吻肛长 2. 吻长 3. 眼径 4. 鼓膜宽 5. 头长 6. 胫长 7. 后肢全长 8. 头宽 9. 眼间距

鼓膜宽（tympanum distance）：鼓膜的最大直径。

头长（head length）：吻端至鼓膜后缘间直线距离。

胫长（tibia length）：胫部两端间的距离。

后肢全长（hind leg length）：后肢自身体起始处至最长趾末端。

头宽（head width）：左、右颌关节间的距离（头部最宽处）。

眼间距（eyes distance）：左、右上眼睑内缘之间的最窄距离。

（二）有尾两栖动物的身体量度（图 14-2）

全长（total length）：自吻端至尾末端。

吻肛长（snout vent length）：自吻端至肛门。

尾长（tail length）：自肛门后缘至尾末端。

头长（head length）：自吻端至颈褶。

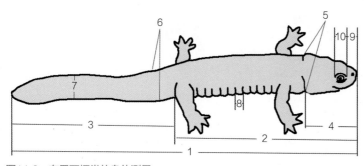

图14-2 有尾两栖类的身体测量

1. 全长 2. 吻肛长 3. 尾长 4. 头长 5. 头宽 6. 尾宽 7. 尾高 8. 肋沟宽 9. 吻长 10. 眼径

头宽（head width）：左、右颈褶间的直线距离。

尾宽（tail width）：尾基部最宽距离。

尾高（tail height）：尾最高处的距离。

肋沟宽（costal sulcus width）：躯干两侧每两肋骨之间下陷形成的沟的宽度。

吻长（snout length）：自吻端至眼前角。

眼径（eye diameter）：与体轴平行的眼径长。

（三）无尾两栖动物的肩带

无尾两栖动物中蛙类的肩带为固胸型肩带（左、右上乌喙骨在中央并接），蟾蜍的为弧胸型肩带（左、右上乌喙骨呈弧形，在中央重叠）（图14-3）。

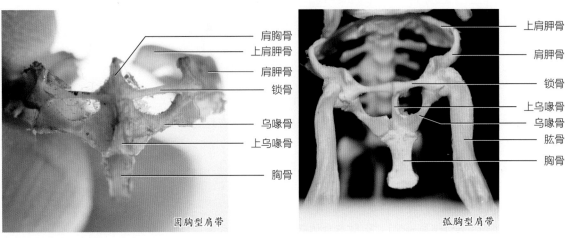

图14-3　两栖类肩带

（四）两栖纲分类

▶ 两栖纲分类

现存的两栖纲动物可分为3个目：有尾目、无尾目和无足目。

1. 有尾目（Caudata）

我国有尾目各科检索表

1. 眼小，无眼睑；犁骨齿1长列，与上颌齿平行成弧形，沿体侧有纵肤褶
　　　　　　　　　　　　　　　　　　　　　　隐鳃鲵科（Cryptobranchidae）

　具眼睑；犁骨齿列不成长弧形；沿体侧无纵肤褶................................ 2

2. 犁骨齿或为2短列或呈"U"形..........................小鲵科（Hynobiidae）

　犁骨齿呈"∧"形..........................蝾螈科（Salamandridae）

大鲵（*Andrias davidianus*）：属于隐鳃鲵科。又名娃娃鱼，我国珍贵的保护动物，为现存最大的有尾两栖动物，最大可达180 cm。头平坦，吻端圆，眼小，口大，四肢短而粗壮。生活时为棕褐色，背面有深色的大黑斑。

极北小鲵（*Salamandrella keyserlingii*）：属于小鲵科。体较小。皮肤光滑，体侧的肋沟往下延伸至腹部。指、趾数均为 4，无蹼。尾长短于头体长。

东方蝾螈（*Cynops orientalis*）：属于蝾螈科。头扁吻钝，吻棱显著。四脚较长而纤弱，指趾末端尖出，无蹼。尾略短于头体长。体背粗糙，具小疣粒。腹面朱红色，杂以棕黑色斑纹。全长不及 10 cm。

2.　无尾目（Anura）（图 14-4）

我国无尾目常见科检索表

1. 舌为盘状，周围与口腔黏膜相连，不能自如伸出........盘舌蟾科（Discoglossidae）
   舌不成盘状，舌端游离，能自如伸出..2
2. 肩带弧胸型..3
   肩带固胸型..5
3. 上颌无齿；趾端不膨大；趾间具蹼；耳后腺存在；体表具疣................
   ....蟾蜍科（Bufonidae）
   上颌具齿..4
4. 趾端尖细，不具黏盘；耳后腺存在.........................锄足蟾科（Pelobatidae）
   趾端膨大，成黏盘状；耳后腺缺，大部分树栖性................雨蛙科（Hylidae）
5. 上颌无齿；趾间几无蹼；鼓膜不明显.........................姬蛙科（Microhylidae）
   上颌具齿；趾间具蹼；鼓膜明显..6
6. 趾端形直，或末端趾骨呈"T"形.........................蛙科（Ranidae）
   趾端膨大呈盘状，末端趾骨呈"Y"形......................树蛙科（Rhacophoridae）

图14-4　部分无尾目物种

东方铃蟾（*Bombina orientalis*）：属于盘舌蟾科。鼓膜不存在；瞳孔三角形。体背有刺疣，上具角质细刺；背面呈棕灰色，有时为绿色；腹面具黑色、朱红色或橘黄色的花斑。

大蟾蜍（*Bufo bufo*）：属于蟾蜍科。体长一般在10 cm以上。体粗壮；皮肤极粗糙，全身分布有大小不等的圆形疣；耳后腺大而长。体色变异很大。

花背蟾蜍（*Bufo raddei*）：属于蟾蜍科。体形较小，雄蟾背面多呈橄榄黄色，具有酱色花斑，疣粒上多有土红色点。在我国东北、西北、华中等地区常见。

中国雨蛙（*Hyla chinensis*）：又名华雨蛙，属于雨蛙科。体细瘦，皮肤光滑。肩部具三角形黑斑，第三趾的吸盘大于鼓膜。生活时为绿色。体侧及股的前后缘均具有黑斑。

黑斑蛙（*Rana nigromaculata*）：属于蛙科，俗称青蛙。背面具侧皮褶。足跟不互交。大腿后面不具白色纵纹。生活时背面为黄绿色或棕灰色，具不规则的黑斑。背面中央有1条宽窄不一的浅色纵纹。背侧褶处黑纹浅，为黄色或浅棕色。

中国林蛙（*Rana chinensis*）：属于蛙科。背面具侧皮褶。两后肢细长，两足跟可互交。两肋无明显黑斑。在鼓膜处有黑色三角形斑。体背及体侧具有分散的黑斑点。四肢具有清晰的横纹。

隆肛蛙（*Nanorana quadranus*）：属于蛙科、倭蛙属。头宽略大于头长；鼓膜不显，颞褶明显。皮肤粗糙，除吻、头顶及背部前端较光滑外，头侧、背部后端以及体侧满布疣粒或小白刺。生活时背面橄榄绿色而略带黄色，疣粒部位色深。生境广泛，分布于甘肃、陕西、河南南部及湖北、四川等地，中国特有种。

牛蛙（*Rana catesbeiana*）：属于蛙科。体型特大，体长可达10～20 cm。背棕色，皮肤较光滑。鼓膜大。产于北美洲，很多国家引入进行人工养殖。

（五）蜥蜴头部鳞片特征观察

蜥蜴亚目有些种类头部背面无大的成对的鳞片，为沙粒状鳞片（图14-5），有些种类有成对的大鳞片（图14-6、图14-7）。

图14-5　变色沙蜥头部（示粒鳞、眼睑、腋斑）

图14-6　荒漠麻蜥头部（示头背成对大鳞片）

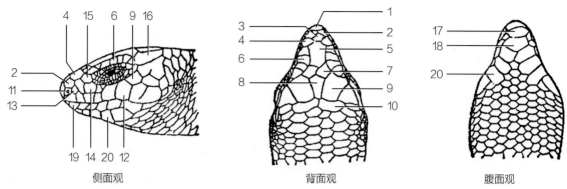

图14-7　蜥蜴头部鳞片示意图（仿自姚崇勇和龚大洁，2012）

1. 吻鳞　2. 上鼻鳞　3. 额鼻鳞　4. 前额鳞　5. 额鳞　6. 眶上鳞　7. 额顶鳞　8. 顶间鳞　9. 顶鳞　10. 颈鳞
11. 鼻鳞　12. 上唇鳞　13. 后鼻鳞　14. 颊鳞　15. 上睑鳞　16. 颞鳞　17. 额鳞　18. 后额鳞　19. 下唇鳞　20. 颌片

（六）蛇类头部鳞片（图 14-8）

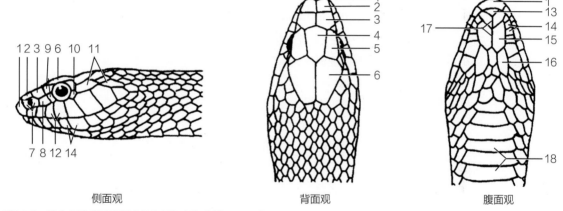

图14-8　蛇头部鳞片示意图（仿自赵尔宓和鹰岩，1993）

1. 吻鳞　2. 鼻间鳞　3. 前额鳞　4. 额鳞　5. 眶上鳞　6. 顶鳞　7. 鼻鳞　8. 颊鳞　9. 眶前鳞　10. 眶后鳞
11. 颞鳞　12. 上唇鳞　13. 额鳞　14. 下唇鳞　15. 前颌片　16. 后颌片　17. 颌沟　18. 腹鳞

（七）爬行纲分类

现存的爬行动物，可分为喙头蜥目、龟鳖目、有鳞目及鳄目。喙头蜥目仅见于新西兰，其余各目检索如下：　　　　　　　　　　　　　　　　　　　　　　　▶爬行纲分类

1. 龟鳖目（Chelonia 或 Testudoformes）

龟鳖目体被背腹甲。大多为水生，但在陆上产卵。

我国龟鳖目常见科检索表

1. 附肢无爪；背甲无角质甲，而被以软皮，并具有 7 纵棱；形大；海产..............
.... 棱皮龟科（Dermochelyidae）

　　　附肢至少各具有 1 爪；背甲纵棱至多 3 条，或不具有棱.................................. 2
2. 体背被以角质甲 3
　体外被以革质皮 .... 鳖科（Trionychidae）
3. 附肢呈桨状；趾不明显，仅具有 1～2 爪；形大；海产 ..... 海龟科（Cheloniidae）
　附肢不呈桨状；趾明显，具有 4～5 爪；非海产 4
4. 头大；尾长；腹甲与缘甲间具缘下甲........................ 平胸龟科（Platysternidae）
　头小；尾短；腹甲与缘甲相接，无缘下甲 .... 龟科（Testudinidae）

　　棱皮龟（*Dermochelys coriacea*）：属于棱皮龟科。无爪，背甲无角质板而具有 7 纵棱。

　　玳瑁（*Eretmochelys imbricata*）：属于海龟科。吻侧扁，上颌钩曲；前额鳞两对，背甲共 13 块，缘甲的边缘具齿状突；幼时背面甲板呈覆瓦状排列。前肢有 2 爪。

　　金龟（*Chinemys reevesii*）：又名乌龟、草龟，属于龟科。头颈后部被以细颗粒状的皮肤；背甲有 3 个脊状隆起。指、趾间全蹼。

　　鳖（*Trionyx sinensis*）：又名甲鱼、团鱼，属于鳖科。背腹甲不具角质板，而被以革质皮肤，背腹甲不直接相连，具肉质裙边。

　　2. 有鳞目（Squamata）

　　此目分为蜥蜴亚目和蛇亚目，主要区别如表 14-1。

表14-1　蜥蜴亚目与蛇亚目的主要区别

特征	蜥蜴亚目	蛇亚目
附肢	大都存在	大都退化
眼	通常具动性眼睑	不具动性眼睑
下颌骨	左右互相固着	左右以韧带相连
鼓膜、鼓室及咽鼓管	通常存在	均不发达
胸骨	有	无
尾长	尾长大于头体长	尾长短于头体长

　　（1）蜥蜴亚目（Sauria）（图 14-9）

我国蜥蜴亚目常见科检索表

1. 头部背面无大形成对的鳞甲.. 2
　头部背面有大形成对的鳞甲.. 5
2. 趾端端大；大多无动性眼睑.. 壁虎科（Gekkonidae）
　趾侧扁；有动性眼睑.. 3

3. 舌长，呈二深裂状；背鳞呈粒状；体形大............................巨蜥科（Varanidae）

　　舌短，前端稍凹；体形适中或小..4

4. 尾上具 2 个背棱..异蜥科（Xenosauridae）

　　尾不具棱或仅有单个正中背棱..鬣蜥科（Agamidae）

5. 无附肢..蛇蜥科（Anguidae）

　　有附肢..6

6. 腹鳞方形；股窝或鼠蹊窝存在..蜥蜴科（Lacertidae）

　　腹鳞圆形；股窝或鼠蹊窝缺..石龙子科（Scincidae）

图14-9　部分蜥蜴亚目物种

　　壁虎（*Gekko japonicus*）：又名守宫、多疣壁虎，属于壁虎科。为原始的蜥蜴类，趾端具有由鳞片构成的吸盘，瞳孔垂直，不具活动的眼睑，身体被以小颗粒状的角质鳞。

　　米仓山龙蜥（*Diploderma micangshanensis*）：属于鬣蜥科龙蜥属。体被鳞片多为棱鳞；侧扁的刺状鳞构成颈鬣；尾圆柱形，鳞起棱；尾极长，超过体长的 2 倍。头背褐色，全身灰褐色并有黑斑，雄性在身体两侧有黄色带。分布于甘肃南部、陕西。

　　荒漠沙蜥（*phrynocephalus przewalskii*）：俗名沙和尚，属于鬣蜥科。背腹鳞有棱；头大，被沙粒鳞。荒漠中典型的优势蜥蜴。

密点麻蜥（*Eremias multiocellata*）：属于蜥蜴科麻蜥属。头背有成对大鳞片，体背光滑粒鳞，股窝每侧有 10～17 个。尾长不及头体长的 2 倍。体色、斑纹变异大，主要栖息于荒漠和荒漠草原。

铜蜓蜥（*Sphenomorphus indicus*）：俗名四脚蛇，属于石龙子科。体鳞圆而光滑，耳孔明显，体背面古铜色，体侧有黑色纵带，多见于低山荒石堆中。

（2）蛇亚目（Serpentes）（图 14-10）

图14-10　部分蛇亚目物种

我国蛇亚目常见科检索表

1. 头、尾与躯干部的界限不分明；眼在鳞下，上颌无齿；身体的背、腹面均被
   有相似的圆鳞；尾非侧扁..盲蛇科（Typhlopidae）
   头、尾与躯干部界限分明；眼不在鳞下；上下颌具齿；鳞多为长方形...........2
2. 上颌骨平直；毒牙存在时恒久竖起..3
   上颌骨高度大于长度，具有能竖起的管状毒牙.................蝰蛇科（Viperidae）
3. 颊沟存在...4
   颊沟缺..钝头蛇科（Amblycephalidae）
4. 前方上颌牙不具沟..5
   前方上颌牙具沟...7
5. 后肢退化为距状爪；头部背面被以大多数细鳞.....................蟒科（Boidae）
   后肢无遗留；头部背面被以少数大而整齐的鳞片......................................6
6. 额鳞后缘与成对顶鳞相接触....................................游蛇科（Colubridae）
   额鳞后缘与单个形大的枕鳞相接触；背鳞较大，15 行.................................
   ....闪鳞蛇科（Xenopeltidae）
7. 尾圆形..眼镜蛇科（Elapidae）
   尾侧扁..海蛇科（Hydrophiidae）

东方沙蟒（*Eryx tataricus*）：属于蟒科。是一种较为原始的小型无毒蛇。眼小，身体背面沙褐色，有大的黑褐色横斑块，腹部两侧散布黑色点斑。肛门两侧有残留后肢痕迹。分布于我国西北沙漠，国家二级重点保护动物。

蝮蛇（*Agkistrodon halys*）：属于蝰蛇科。体呈灰色，具大的暗褐色菱形斑纹。眼与鼻孔间具颊窝。头上有大而成对的鳞片。尾骤然变细。管牙，毒蛇。

菜花原矛头蝮（*Protobothrops jerdonii*）：属于蝰蛇科，俗称菜花烙铁头。头三角形，较窄长；背面黑黄间杂，整体偏黑而杂以菜花黄。毒蛇。分布广泛。

竹叶青（*Trimeresurus stejnegeri*）：属于蝰蛇科。头顶被以细鳞（无大形对称鳞）。头呈三角形，颈细。周身绿色。毒蛇。

黑脊蛇（*Achalinus spinalis*）：属于游蛇科。头较小，无眶前鳞和眶后鳞；体细长，通体黑色，背中线的黑脊明显。分布于陕西、甘肃南部及南方各省。

花条蛇（*Psammophis lineolatus*）：属于游蛇科。身体细长，头窄、眼大，瞳孔圆。体背面有 4 条黑褐色纵线，黑褐色纵线间黄白色。主要栖息于荒漠、半荒漠环境。

眼镜蛇（*Naja naja*）：属于眼镜蛇科。背鳞不扩大，尾下鳞双行；颈部能扩大，背面呈现眼状斑。毒蛇。

金环蛇（*Bungarus fasciatus*）：属于眼镜蛇科。体表具黑色和黄色相间的环纹，两环宽窄大致相等，尾短圆钝。毒蛇，毒牙为前沟牙。分布于北纬 25 度（25°N）左右及其以南地区。

　　银环蛇（*Bungarus multicinctus*）：属于眼镜蛇科。体背有白环和黑环相间排列，白环窄，尾较细长，剧毒。分布在安徽及以南地区。

　　3.　**鳄目**（Crocodilia）

　　体被大型坚甲；体形较大；尾部强而有力；雄性具单一交配器官。

　　扬子鳄（*Alligator sinensis*）（图 14-11）：吻钝圆；下颌第 4 齿嵌入上颌的凹陷内。皮肤具角质方形大鳞。前肢 5 指，后肢 4 趾。

图14-11　扬子鳄

五、作业与思考

　　1. 总结两栖纲和爬行纲各目的分类特征，并掌握其主要识别特征。

　　2. 两栖纲、爬行纲各选6个物种，对照标本，汇总特征，编制这6个物种的检索表。

家鸽外形观察与解剖

一、实验原理

鸟类身体结构特征都与飞行生活相适应。体被羽毛，不同类型的羽毛功能不同。前肢特化成飞行器官（翼）。骨骼系统变化大、特点突出；发达的胸大肌、胸小肌为飞行提供强大动力。能量消耗多，氧气需求量大，体内物质运输快，高代谢产生的代谢废物需要及时排出体外，这使得鸟类在消化、呼吸、循环和排泄系统的结构更为完善、效率更高。骨骼轻，直肠短不存粪，无膀胱不存尿，生殖腺季节性变化大，这些是鸟类为了减轻体重产生的结构变化。只有一侧存在的雌性生殖系统可以产大的带壳羊膜卵。本实验解剖的家鸽是常见的养殖品种，由鸽形目鸠鸽科的原鸽（*Columba livia*）驯化而来，属于典型的飞行鸟类。

二、实验目的

1. 学习采集鸟类血液的一般方法。
2. 学习鸟类的一般解剖方法。
3. 通过家鸽外形和内部构造的观察，了解鸟类适应于飞翔生活的特征。

三、实验用具及材料

1. 解剖盘，常用解剖工具，采血针，5 mL 注射器，微量采血管，0.5 mL 离心管，干棉球，75% 乙醇棉球，脱脂棉。
2. 肝素或其他抗凝剂，乙醚（或氯仿），水。
3. 家鸽，家鸽整体骨骼标本。

四、实验操作与观察

（一）血液采集

▶实验动物
采血方法

　　鸟类采血有翼下静脉采血和心脏采血两种方法，心脏采血对鸟伤害性大，也不好掌握，在此只介绍翼下静脉采血（图 15-1）。

　　（1）取 5 mL 注射器，吸取少量肝素润湿针管备用。或者准备微量采血管，装血液的离心管内加少量抗凝剂备用。

　　（2）展开鸽子一侧翅膀，露出翅腹面，在翅膀转角处（小臂或桡尺骨基部）拨开该部位羽毛，便可见明显的血管。以 75% 乙醇棉球消毒该部位皮肤。

　　（3）用采血针扎该处血管，扎破后马上会流出一大滴血液，用注射器或采血管抽取血液；或者直接用 0.5 mL 离心管刮取液滴进入管中。注意：鸟类血压高，体型较大的鸟，翼根主要血管扎破后流血会很多，在实际的科研工作中采血一定要注意这一点，尽量选取细小的血管来采血。

　　（4）取血完毕，迅速用干棉球压迫止血，适当多压一会儿。

　　（5）将注射器针管口紧靠试管内壁，将注射器内的血液缓缓注入试管或离心管内；离心管内有抗凝剂，血液进入后可以轻摇一下。

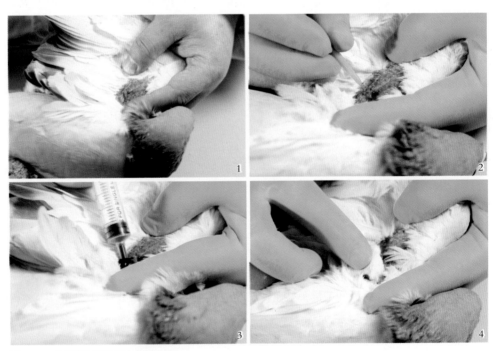

图15-1　家鸽翼下静脉采血方法

（二）处死方法

▶实验动物
处死方法

　　鸟类处死方法有以下 3 种。解剖前处死家鸽后，先观察骨骼标本及家鸽外形，待鸟体内血液适当冷却凝固，再进行解剖观察。

（1）腋部压迫窒息死亡　提起鸟类双翼，露出躯干部，另一只手从鸟类胸腹部握住躯体，拇指与其他指对握在鸟类腋部，持续捏紧挤压鸟类腋部，此处的体内为鸟类肺部，压迫阻断气流通过，造成窒息死亡。可同时捏住鸟嘴、闭塞其鼻孔，加快死亡。

（2）水浸窒息死亡　将鸽的整个头部浸入水中，使其窒息而死。

（3）麻醉死亡　用脱脂棉浸以乙醚或氯仿缠于鸽喙和鼻孔处，使其麻醉致死。

（三）骨骼系统观察

观察鸟类骨骼标本（图 15-2），了解鸟类骨骼系统大体结构和适应于飞翔生活的特点。观察骨骼时注意以下结构特征：鸟类头骨骨片薄，长骨气质骨；颈椎骨块多，异凹型椎体；愈合荐骨；龙骨突；尾综骨；开放型骨盆；叉骨；肋骨上的钩状突，坚固的胸廓；跗跖骨。

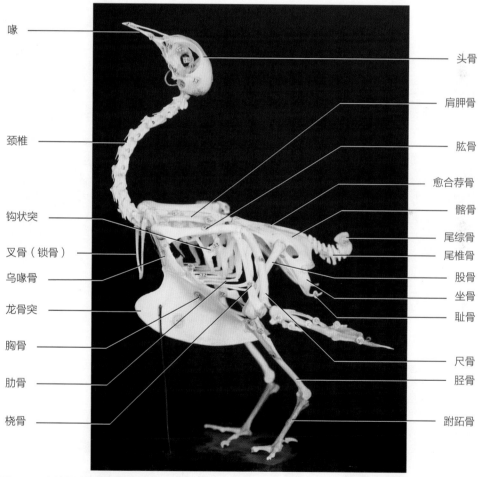

图15-2　家鸽骨骼系统

（四）外部形态观察

1. 外形

家鸽身体呈纺锤形，体外被羽，具流线型的外廓。身体可分为头、颈、躯干、尾和附肢（图15-3）。头部圆，前端为角质喙，上喙基部有一隆起的软膜（蜡膜），软膜下方两侧各有一裂缝状外鼻孔。眼大，有可活动的眼睑及半透明的瞬膜。耳孔位于眼的后方，被羽毛掩盖，有外耳道。

颈长，活动性大。躯干圆筒状、紧凑。前肢特化为翼，由上臂、前臂和翼尖（指骨）组成；后肢包括大腿（股部）、小腿（胫腓骨）、跗跖骨和脚趾，跗跖骨和脚趾被以角质鳞；趾4个，趾端具爪，三前一后为常态足。尾缩短成小的肉质突起，其上着生较长的尾羽；尾基背面有一突起即尾脂腺，尾基腹面有泄殖腔孔（图15-3）。

2. 羽毛

按形态结构特征可将羽分为3种类型（图15-4左）：正羽，即覆盖在体外的大

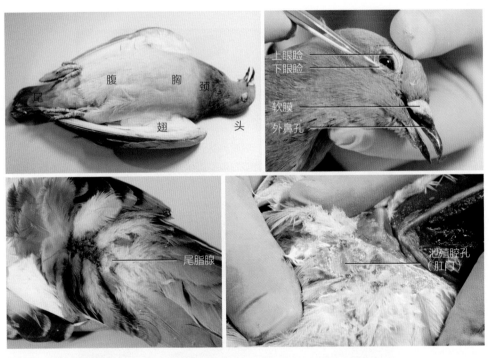

图15-3　家鸽外形特征

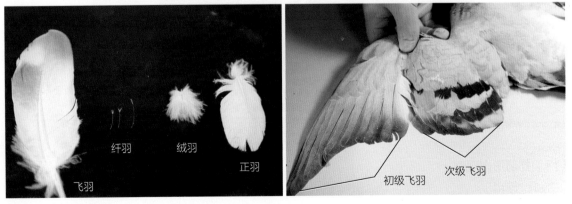

图15-4　家鸽羽毛特征

型羽片；绒羽，位于正羽下面松散似绒；纤羽（毛羽），外形如毛发，拔去正羽和绒羽后即可见到。

构成翅膀的飞羽有初级飞羽，即着生在手部骨骼上的飞羽。次级飞羽是着生在尺骨上的飞羽。用手摸到翅膀腕关节，来区分初级飞羽和次级飞羽（图 15-4 右）。

（五）内部结构

1. 解剖方法

将鸽置于解剖盘中，拨开胸部正中龙骨突处的羽毛（该区域为裸区），可将周边羽毛拔去一些，扩大裸露区域（图 15-5）。用手术刀沿龙骨突边缘切开皮肤，切口前至嘴基，后至泄殖腔孔前缘。用解剖刀柄分离切开的皮肤和肌肉，向两侧拉开皮肤，在颈部可看到气管、食管、嗉囊。飞行鸟类的皮肤很薄、干燥，剥离皮肤时感受一下这个特点。手术刀沿龙骨突边缘下切至片状的胸骨，会看到两层界限分明的肌肉层，外面一层厚，为胸大肌，里面贴在胸骨上的一层较薄，为胸小肌。试牵动胸大肌和胸小肌，模拟其收缩，看看翅膀会发生怎样的运动。

▶家鸽解剖

用剪刀或骨剪从后向前剪断胸骨两侧的肋骨，再向前剪断乌喙骨与叉骨（注意不要剪断大动脉，以免造成大出血），再向后剪开腹壁，直至泄殖腔孔前缘。将胸骨、龙骨突与乌喙骨等揭去（图 15-5），观察内部结构。

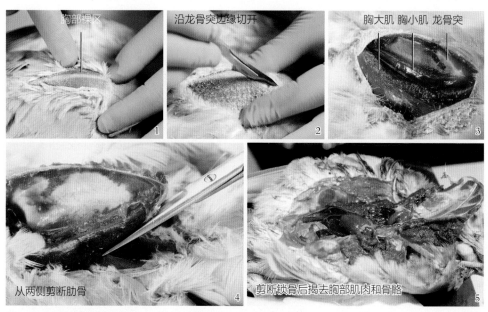

图15-5　家鸽的解剖步骤

2. 呼吸系统

打开家鸽的胸腹腔后，首先观察呼吸系统的气囊（图 15-6）。可以看到内脏器官间有薄的透明的膜，即为气囊壁。可以用注射器导入喉门或向气管吹气，观察气囊与肺的变化，理解双重呼吸与气囊的作用。

外鼻孔（external naris）：开口于软膜前下方。

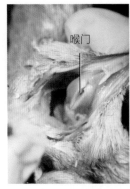

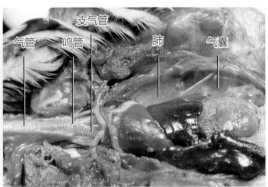

图15-6　家鸽的呼吸系统

内鼻孔（internal naris）：位于口腔顶部中央纵行沟内。

喉（larynx）：位于舌根之后，中央的纵裂为喉门。

气管（trachea）：由环状软骨环支撑，下行至心脏上方分为左、右两个支气管入肺。左、右支气管分叉处有一较膨大的**鸣管**，是鸟类特有的发声器。

肺（lung）：左右 2 叶，粉红色，海绵状，紧贴在胸腔背方的脊柱两侧。

气囊（air sac）：膜状囊，分布于颈、胸、腹和骨骼的内部（在剖开体腔后就可观察到腹腔中的气囊）。

3. 消化系统

（1）消化管

口腔（mouth cavity）：剪开口角进行观察。口内无齿，顶部有纵裂，内鼻孔开口于此。底部有舌，其前端呈箭头状，尖端角质化；口腔后部为咽。

食管（esophagus）：为咽后一薄壁长管，沿颈腹面左侧下行，在颈的基部膨大成**嗉囊**（crop）（图 15-7）。

胃（stomach）：由**腺胃**（glandular stomach）和**肌胃**（muscular stomach）组成（图 15-7）。腺胃又称前胃。剪开腺胃观察，内壁上有许多乳状突。肌胃又称砂囊

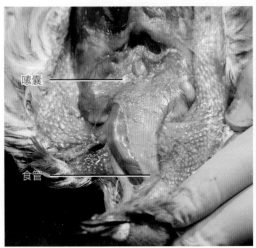
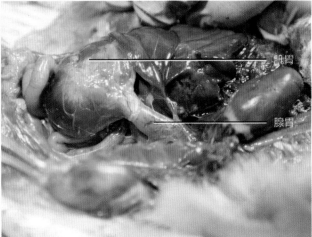

图15-7　家鸽消化系统部分结构

（gizzard），为一扁圆形的肌肉囊。剖开肌胃，可见胃壁为很厚的肌肉壁，其内表面覆有硬的革质层（即中药"鸡内金"），呈黄绿色，胃内有一些砂石。

　　十二指肠（duodenum）：由肌胃发出的一段呈"U"形弯曲的小肠（图 15-8）；肌胃通向十二指肠的开口为幽门，位置与腺胃通肌胃的开口（贲门）紧邻。

　　小肠（small intestine）：细长盘曲，最后与直肠相连通。

　　直肠（rectum）：鸟类大肠亦即直肠，短而直，末端开口于泄殖腔。直肠与小肠交界处，有 1 对豆状**盲肠**（cecum）。

　　（2）消化腺

　　胰（pancreas）：略展开十二指肠"U"形弯曲之间的肠系膜可见肉色的胰脏（图 15-8），分为背、腹、前 3 叶。由腹叶发出 2 条、背叶发出 1 条胰管通入十二指肠。

　　肝（liver）：红褐色，位于心脏后方，分左右 2 叶；掀开右叶，在其背面近中央处伸出 2 条胆管通入十二指肠。观察家鸽有无胆囊。

　　此外，在胃后的系膜上有一暗红色、长圆形的**脾**（spleen），为造血器官。

图15-8　家鸽的消化系统

4. 循环系统

　　（1）**心脏**　位于胸腔内（图 15-9），用镊子拉起心包膜，剪开并除去心包膜，可见心脏呈圆锥形，前面褐红色扩大部分、壁薄的是心房，下方颜色较浅、壁厚者为心室；在心房和心室交界处有冠状沟，沿冠状沟有黄色脂肪分布。观察动、静脉系统后，沿心脏中部做一横切，通过断面及内部腔室的观察，了解左、右心室的差异及特点。

　　（2）**动脉系统**　稍提起心脏，可见由左心室发出向右弯曲的右**体动脉弓**（systemic arch），刚出心室、在弧顶部分出两支较粗的**无名动脉**（innominate artery）。左、右无名动脉前行不远，首先分出直向上的一支，为左右**颈总动脉**（common carotid artery），为

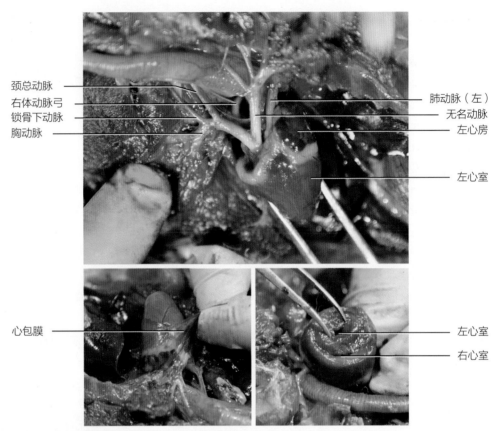

颈总动脉
右体动脉弓
锁骨下动脉
胸动脉

肺动脉（左）
无名动脉
左心房

左心室

心包膜

左心室
右心室

图15-9　家鸽的心脏及主要动脉

头部供血；之后分出的一支是**锁骨下动脉**（subclavian artery），为前肢供血；最粗的分向两侧的为**胸动脉**（pectoral artery），为胸肌供血。用镊子轻轻将心脏略往下拉，可见右体动脉弓转向背侧后，成为**背大动脉**（dorsal aorta），背大动脉沿脊柱后行，沿途发出许多血管分布到身体各处。再将左右无名动脉略提起，可看见心室发出的**肺动脉**（pulmonary artery），出心室后分左、右两支，左肺动脉直接进入左肺，右肺动脉绕向背侧，从主动脉弯曲处后面进入右肺。

（3）**静脉系统**　静脉壁薄，不容易观察，主要的静脉与动脉是相伴而行的。体静脉（systemic vein）主要由两条前大静脉（precaval vein）和一条后大静脉（postcaval vein）组成。在左、右心房前方粗而短的静脉干为前大静脉，它由颈静脉（jugular vein）、锁骨下静脉（subclavian vein）和胸静脉（pectoral vein）汇合而成，这些静脉多与同名动脉伴行，较易看到。将心脏提起，可见两条前大静脉的后端通入右心房；后大静脉从肝伸出，在两条前大静脉之间进入右心房。肺静脉（pulmonary vein）由每侧肺伸出，通常每侧肺有一条肺静脉，但有时有两条，都伸到前大静脉的背方，进左心房。

（4）**肾门静脉**（renal portal vein）　鸟类肾门静脉趋于退化，但仍存在（见图15-10）。

（5）**尾肠系膜静脉**（caudal mesenteric vein）　鸟类具有的一支来自尾部的血管

（见图 15-8），汇总后肠系膜静脉和尾部静脉的血，进入后腔静脉。

5.　泌尿生殖系统

移去消化道后，对家鸽的泌尿系统和生殖系统进行观察（图 15-10）。

肾（kidney）：1 对，深褐色，长扁形，各分为头、中、尾 3 叶，贴附于体腔背壁，每肾发出一输尿管向后行，通入泄殖腔。无膀胱。

泄殖腔（cloaca）：为消化、泌尿、生殖系统最终汇入的一个共同空腔。球形，以泄殖腔孔与外界相通。在泄殖腔背面有一黄色圆形盲囊，称**腔上囊**（bursa fabricii），是鸟类特有的淋巴器官。

精巢（testis）：即睾丸，1 对，乳白色，卵圆形，位于肾前端。输精管由睾丸后内侧伸出，细长而弯曲，向后延伸与输尿管平行进入泄殖腔。睾丸和输精管之间有不明显的附睾。

雌性生殖器官：右侧卵巢、输卵管退化。左侧卵巢位于左肾前端，黄色卵巢后方附近有弯曲的输卵管，其前端为喇叭口，靠近卵巢，开口于腹腔，后端通入泄殖腔。

6.　神经系统

将家鸽颅骨自枕骨大孔处向两侧小心剪开（不要损坏内部大脑），揭开颅骨，观察其脑的结构组成及特点（图 15-11）。

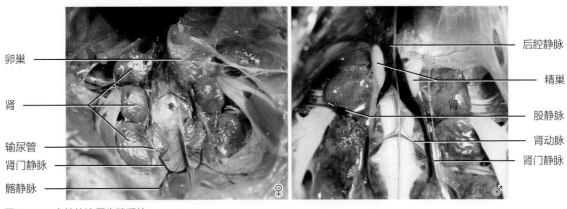

卵巢　　　肾　　　输尿管　　　肾门静脉　　　髂静脉　　　后腔静脉　　　精巢　　　股静脉　　　肾动脉　　　肾门静脉

图15-10　家鸽的泌尿生殖系统

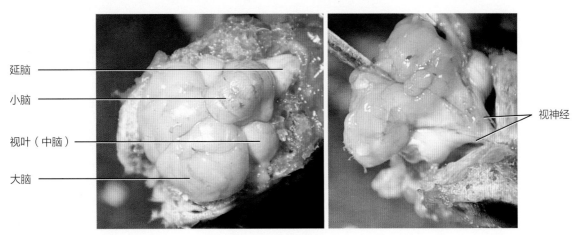

延脑　　　小脑　　　视叶（中脑）　　　大脑　　　视神经

图15-11　家鸽的脑

五、作业与思考

1. 通过对家鸽循环系统的观察，绘制鸟类心脏及主要动脉、静脉结构图，总结鸟类循环系统的特点。

2. 你解剖的家鸽是什么季节的？雌、雄生殖腺大小如何？理解鸟类生殖腺大小的季节变化。

3. 通过实验，归纳鸟类的哪些形态结构特征表现出对飞翔生活的适应。

家兔外形观察与解剖

一、实验原理

哺乳类为陆生脊椎动物最为高等的一个类群，胎生、哺乳、体被毛发，完善的结构使其有着较高的代谢水平，能保持体温的恒定。本实验解剖的家兔，属于兔形目野生穴兔的人工驯养品种。家兔有重门齿、有唇裂，前肢趾行性、后肢跖行性，食草，有发达的盲肠作为其微生物发酵、进行植物纤维素消化的场所。其胸腹腔之间的隔膜上有膈肌，与肋间肌收缩共同完成胸腹式呼吸；肺的弹性大，完成气体交换的肺泡内表面积很大；完全双循环，心脏结构完善，血管完整；肾属于后肾；睾丸在繁殖期临时下降到阴囊内，非繁殖期缩回腹腔；子宫为双子宫。家兔体型大小适中，通过对其解剖，很多哺乳动物的结构特征都能观察得很清楚。

二、实验目的

1. 通过家兔外形和内部构造的观察，了解哺乳类的一般特征和进步性特征。
2. 掌握哺乳类的一般解剖方法。

三、实验用具及材料

1. 解剖工具，骨钳，兔解剖台或大的解剖盘，20 mL注射器，针头，75%乙醇棉球。
2. 活家兔，兔整体骨骼标本，兔脑示范标本。

四、实验操作与观察

（一）处死方法

一般采用空气栓塞法，即向兔耳缘静脉注入 10～20 mL 空气，使之血液循环停滞而死。

兔耳外缘可观察到的血管是静脉，在静脉远程进针处用 75% 乙醇棉球消毒并使

▶ 实验动物
处死方法

血管扩张。用左手示指和中指夹住耳缘静脉近心端，使其充血，并用左手拇指和无名指固定兔耳。右手持注射器（针筒内已抽有 10～20 mL 空气）将针头平行刺入静脉，刺入后再将左手示指和中指移至针头处，协同拇指将针头固定于静脉内，右手推进针栓，徐徐注入空气（图 16-1）。若针头在静脉内，可见随着空气的注入，血管由暗红色变白，如注射阻力大或血管未变色或局部组织肿胀，表明针头未刺入血管，应拔出重新刺入。注射毕，抽出针头，按压进针处。随着空气的注入，家兔经过短暂挣扎后，瞳孔放大，全身松弛而死。

处死家兔后，先进行骨骼标本观察和外形观察，待兔血稍冷却凝固后再解剖。

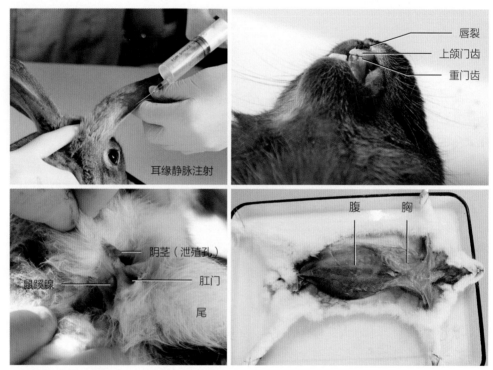

图16-1　家兔耳缘静脉注射及外部形态结构

（二）骨骼系统

家兔骨骼系统如图 16-2 所示。观察骨骼标本，注意以下知识点：①脊柱分化为颈、胸、腰、荐、尾 5 部分，有胸廓；②封闭式骨盆；③双平型椎体；④头骨上有颧弓，下颌由单一齿骨构成。

（三）外形观察

家兔全身被毛，毛分针毛、绒毛和触毛（触须）。针毛长而稀少，有毛向；绒毛位于针毛下面，细短而密，无毛向；在眼的上下和口鼻周围有长而硬的触毛。兔的身体可分为头、颈、躯干和尾 4 部分。

1. 头（head）

头呈长圆形，眼以前为颜面区，眼以后为头颅区。眼有能活动的上下眼睑和退化

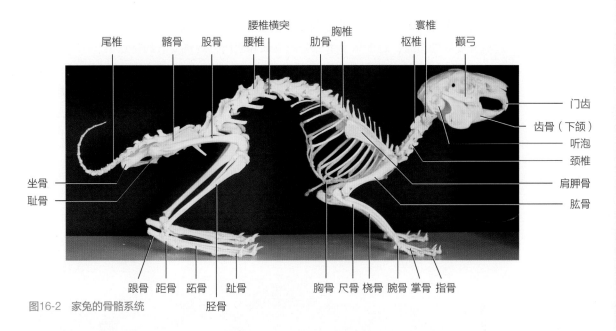

图16-2　家兔的骨骼系统

的瞬膜，可用镊子从前眼角将瞬膜拉出。眼后有 1 对长的外耳（external ear）。外鼻孔（external nostril）1 对，鼻下为口，口缘围以肉质的唇（harelip），上唇中央有一纵裂（唇裂），将上唇分为左右两半；门齿 2 对，外面看只有 1 对，另 1 对在外门齿里与之重叠（图 16-1）。

2. 颈（neck）

头后有明显的颈部，较短。

3. 躯干（trunk）

躯干较长，可分胸部、腹部和背部。背部有明显的腰弯曲。胸部、腹部以体侧最后一根肋骨为界。右手抓住兔背部皮肤，左手托住臀部使腹部朝上，可见雌兔胸腹部有 3～6 对乳头，以 4 对居多，幼兔和雄兔不明显。近尾根处有肛门和泄殖孔，肛门靠后，泄殖孔靠前。肛门两侧各有一无毛区称鼠蹊部，有块状的鼠蹊腺（inguinal gland）（图 16-1），家兔特有的气味即由此腺体分泌物产生。雌兔泄殖孔称阴门，阴门两侧隆起形成阴唇。雄兔泄殖孔位于阴茎顶端（图 16-1）。成年雄兔肛门两侧有 1 对明显的阴囊，生殖时期，睾丸由腹腔坠入阴囊内。

兔四肢在腹面，出现了肘和膝关节；前肢短小，肘关节向后，具 5 指，着地方式为趾行性；后肢较长，膝关节向前，具 4 趾，第 1 趾退化，指（趾）端具爪，整个跗骨、跖骨着地，为跖行性。

4. 尾（tail）

尾短小，在躯干末端。

（四）内部解剖与观察

1. 解剖方法

将已处死的家兔仰放于解剖台上，展开四肢。用棉花蘸水润湿腹中线的毛，左手持镊子提起皮肤，右手持手术剪沿腹中线自泄殖孔前至下颌底将皮肤剪开，再从颈部

▶ 家兔解剖

向左右横剪至耳郭基部，沿四肢内侧中央剪至腕和踝部（见图16-1）。左手持镊子夹起剪开皮肤的边缘，右手用手术刀分离皮肤和肌肉，观察皮肤的特点。

沿腹中线自后向前剪开腹壁至胸腔边缘（胸骨处），向两侧拨开腹壁（图16-3）进行腹腔结构的原位观察；在腹腔之前和胸腔交界处有膈膜，膜上有肌肉（即**膈肌**）。再沿胸骨两侧各1.5 cm处用骨钳向前剪断肋骨。提起胸骨，右手用镊子仔细分离胸骨内侧的结缔组织，再剪去胸骨，分离至胸骨起始处时须特别小心，以免损伤由心脏发出的大动脉。

观察胸腔和腹腔内各器官的正常位置，胸腔内有心脏和肺。若为幼体，在心脏上方还会看到非常发达的肉红色组织，即为**胸腺**（thymus）。

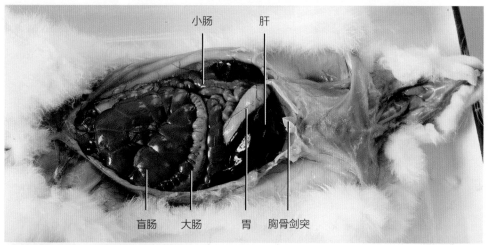

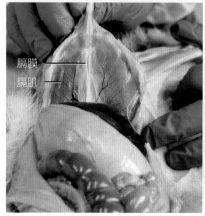
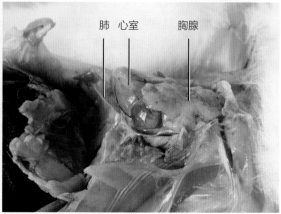

图16-3　家兔的解剖

2. 消化系统

（1）**口腔**（mouth cavity）　沿口角两侧将颊部剪开，清除咀嚼肌，再用骨钳剪开两侧下颌骨与头骨的关节，将口腔全部揭开（图16-4）。口腔的前壁为上下唇，两侧壁是颊部，顶壁的前部是**硬腭**（hard palate），后部是肌肉性**软腭**（soft palate），软腭后缘下垂，把口腔和咽部分开。口腔底部有发达的肌肉质舌，其表面有许多乳头状突起，其中一些乳头内具味蕾。兔有发达的门齿而无犬齿，上颌有前后排列的 2 对门齿（重门齿），前排门齿长而呈凿状，后排门齿小；前臼齿和臼齿短而宽，具有磨面；齿式为 2·0·3·3/1·0·2·3。

（2）咽（pharynx） 软腭后方的腔为咽。沿软腭的中线剪开，露出的空腔即鼻咽腔，为咽的一部分。鼻咽腔的前端是内鼻孔。在鼻咽腔侧壁上有 1 对斜行裂缝为耳咽管孔。咽背面通向后方的开孔是食道口，咽部腹面的开孔为喉门，在喉门外有 1 个三角形软骨小片为**会厌软骨**（epiglottis）。

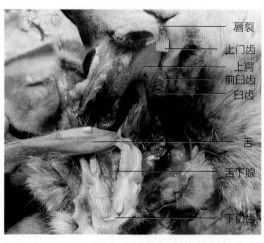

图16-4　家兔的口腔结构

（3）**食管**（esophagus） 食管为气管背面的 1 条直管，由咽后行伸入胸腔，穿过横膈进入腹腔与胃连接。

（4）**胃**（stomach） 胃为囊状，一部分被肝遮盖。与食管相连处为贲门（cardia），与十二指肠相连处为幽门（pylorus）。胃的前缘称胃小弯，后缘称胃大弯。

（5）**肠**（intestine） 肠分小肠、大肠与盲肠（图 16-5）。小肠又分十二指肠、空肠和回肠；大肠分结肠和直肠；大肠、小肠交接处有盲肠。**十二指肠**（duodenum）连于幽门之后，呈“U”形弯曲。用镊子提起十二指肠，展开“U”形弯曲处的肠系膜，可见在十二指肠距幽门约 1 cm 处，有胆管注入；在十二指肠后段约 1/3 处，有胰管通入。空肠前接十二指肠，后通回肠，是小肠中肠管最长的一段，形成很多弯曲，呈淡红色。回肠是小肠最后一部分，盘旋较少，颜色略深。回肠与结肠相连处有一长而粗大发达的盲管为**盲肠**（cecum）（发达的盲肠有什么作用），其表面有一系列横沟纹，盲肠末端细而光滑，称**蚓突**（vermiform appendix）。回肠与盲肠相接处膨大形成一具厚壁的圆囊，称**圆小囊**（sacculus rotundus）（为兔所特有）。大肠包括结肠、直肠。结肠可分为升结肠、横结肠、降结肠 3 部，管径逐渐狭窄，后接直肠。直肠短，末端以肛门开口于体外。

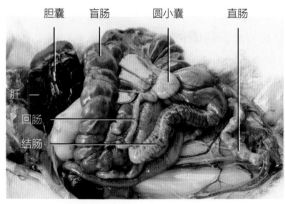
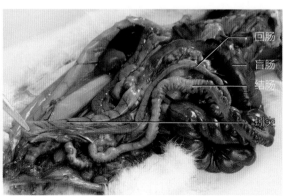

图16-5　**家兔的消化系统**

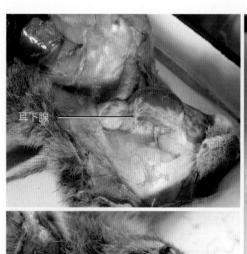

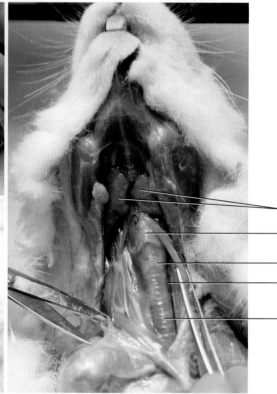

图16-6　家兔的唾液腺

（6）**唾液腺**（salivary gland）　一般哺乳类具 3 对唾液腺：耳下腺、颌下腺、舌下腺。家兔还有眶下腺，共 4 对唾液腺（图 16-6）。

耳下腺（parotid gland）：位于耳壳基部的腹前方，为不规则的淡红色腺体，紧贴皮下，似结缔组织，剥开该处的皮肤即可见。

颌下腺（submaxillary gland）：位于下颌后部的腹面两侧，为 1 对浅粉红色椭圆形腺体，剥开下颌部皮肤即可见。

舌下腺（sublingual gland）：位于近下颌骨联合缝处，为 1 对较小、扁平条形的淡黄色腺体。可用镊子将舌拉起，将舌根部剪开，使之与下颌分离，在舌根的两侧可找到（见图 16-4）。

眶下腺（suborbital gland）：位于眼窝底部的后下角，呈肉红色。用镊子从眼窝底部可以夹出此腺体，若夹出的是白色腺体则为泪腺。

（7）**肝**（liver）　肝呈红褐色，位于横膈膜后方，覆盖于胃（图 16-7）。肝有 6 叶，即左外叶、左中叶、右中叶、右外叶、方形叶和尾形叶。胆囊位于右中叶背侧，以胆管通十二指肠。

（8）**胰**（pancreas）　胰散布在十二指肠"U"形弯曲内的肠系膜上，为粉红色、分布零散而不规则的腺体，有胰管通入十二指肠（图 16-8）。

另外，沿胃大弯左侧有一狭长、暗红褐色器官，即**脾**（spleen），是最大的淋巴器官（图 16-8）。

右中叶
胆囊
右外叶
方形叶
左中叶
左外叶

图16-7　家兔的肝

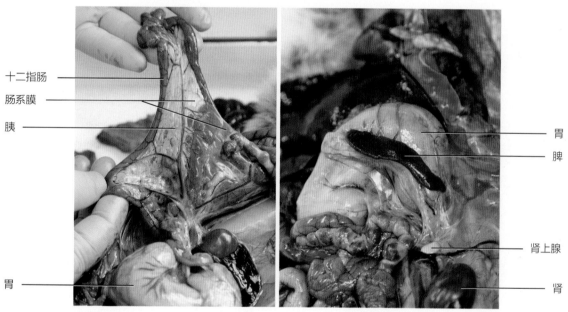

十二指肠
肠系膜
胰
胃
胃
脾
肾上腺
肾

图16-8　家兔的胰和脾

3. 呼吸系统

（1）**鼻腔**（nasal cavity）**和咽**　鼻腔前端以外鼻孔通外界，后端以内鼻孔与咽腔相通，其中央有鼻中隔将其分为左右两半。

（2）**喉头**（larynx）　喉头位于咽的后方，由若干块软骨构成。将连于喉头的肌肉除去以暴露喉头。喉腹面为 1 块大的盾形软骨，是**甲状软骨**（thyroid cartilage）（见图 16-6），其后方有围绕喉部的**环状软骨**（cricoid cartilage）。环状软骨下方的气管两侧有淡红色片状腺体，中间有连接，呈"H"形，为**甲状腺**（thyroid gland）。在观察完其他构造后，将喉头剪下，可见甲状软骨前方有**会厌软骨**（epiglottal cartilage），环状软骨的背面前端有 1 对小型的杓状软骨，喉腔内侧壁的褶状物即声带（vocal cord）。

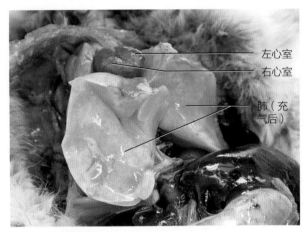

图16-9　家兔的肺

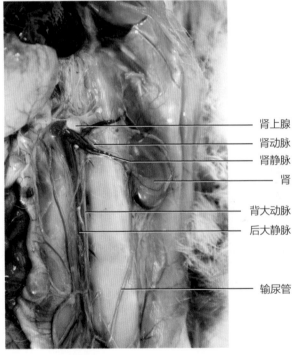

图16-10　家兔的肾

（3）**气管**（trachea）**及支气管**（bronchus）喉头之后为气管，管壁由许多半环形软骨及软骨间膜所构成。气管到达胸腔时，分为左右支气管而进入左右肺。

（4）**肺**（lung）　肺位于胸腔内心脏的左右两侧，呈粉红色海绵状。由喉门气管吹入空气，可观察肺的膨大程度（图16-9）。

4. 泄殖系统

（1）**肾**（kidney）　肾1对，为红褐色的豆状器官（图16-10），贴于腹腔背壁、脊柱两边，肾的前端内缘、贴近后大静脉处各有一黄色小圆形的**肾上腺**（adrenal gland）。除去遮于肾表面的脂肪和结缔组织，可看到肾门。肾门向腹腔中线连接背大动脉和后大静脉的血管分别为肾动脉和肾静脉，向腹腔下方伸出一白色细管即输尿管。沿输尿管向后清理脂肪，注意它进入膀胱的情况。膀胱呈梨形，其后部缩小通入尿道。雌性尿道开口于阴道前庭；雄性尿道很长，兼作输精用。取下一肾，通过肾门从侧面纵剖开，用水冲洗后观察；外周色深部分为**皮质部**（renal cortex），内部有辐射状纹理的部分为**髓质部**（renal medulla），肾中央的空腔为**肾盂**（renal pelvis）。输尿管则由肾盂经肾门通出。

（2）**雄性生殖器官**　**睾丸（精巢）**（testes）1对，白色卵圆形，非生殖期位于腹腔内，生殖期坠入阴囊内。若雄兔正值生殖期，则在膀胱背面两侧可找到白色输精管，沿输精管走向找到索状、粉白色的精索（spermatic cord）（精索由输精管、生殖动脉、静脉、神经和腹膜褶共同组成），用手提拉精索将位于阴囊内的睾丸拉回腹腔进行观察（图16-11）。睾丸背侧有一隆起为附睾（epididymis），由附睾伸出的白色细管即输精管。输精管沿输尿管腹侧行至膀胱后面通入尿道。尿道从阴茎中穿过（横切阴茎可见），开口于阴茎顶端，在膀胱基部和输精管膨大部的背面有精囊腺（seminal vesicle）。

（3）**雌性生殖器官**　**卵巢**（ovary）1对，椭圆形，淡红色，位于肾后方，其表面常有半透明颗粒状突起。输卵管1对，细长迂曲，伸至卵巢的外侧，前端扩大呈漏斗状，边缘多皱褶、呈伞状，称为喇叭口，朝向卵巢，开口于腹腔。输卵管后端膨大

（图16-9中标注）
左心室
右心室
肺（充气后）

（图16-10中标注）
肾上腺
肾动脉
肾静脉
肾
背大动脉
后大静脉
输尿管

部分为子宫，左、右两子宫分别开口于阴道（即**双子宫**）。阴道为子宫后方的一直管，其后端延续为阴道前庭，前庭以阴门开口于体外。阴门两侧隆起形成阴唇（labium），左、右阴唇在前后侧相连，前联合呈圆形，后联合呈尖形。前联合处还有一小突起，称阴蒂（clitoris）。

5. 循环系统

（1）心脏及其周边主要动、静脉

心脏（heart）：位于胸腔中部偏左的围心腔中，仔细剪开围心膜（图 16-12），可见心脏近似卵圆形，其前端宽阔，后端较尖，称心尖。在近心脏中间有一围绕心脏的冠状沟，后方为心室，前方为心房。左右两室的分界在外部表现为不明显的纵沟（腹纵沟）。

待观察动、静脉系统后，将心脏周围的大血管在距心脏不远处剪断，取出心脏，用水洗净。剖开心脏，仔细观察左、右心房和左、右心室结构，以及血管与心脏4腔的连通情况，弄清各心瓣膜的位置与结构。

左体动脉弓（left systemic arch）：由左心室发出的粗大血管（图 16-13），发出后不久即向前转至左侧再折向后方，形成弓形。哺乳动物只有左体动脉弓。

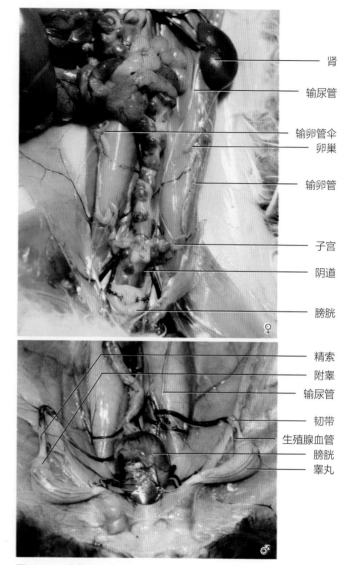

图16-11　家兔的生殖系统

肺动脉（pulmonary artery）：由右心室发出的大血管，发出后在两心房之间向左弯曲。清除围绕动脉基部的脂肪，可见此血管分为左右2支，分别进入左、右肺。

肺静脉（pulmonary vein）：由左、右肺的根部伸出，在背侧入左心房。

左、右**前大静脉**（precaval vein）、**后大静脉**（postcaval vein）：它们在右心房右后侧汇合后，进入右心房（图 16-12）。

（2）动脉系统

由左、右心室发出的左体动脉弓、肺动脉及其发出的分支动脉组成（图 16-13）。

左体动脉弓：其基部发出冠状动脉，分布于心脏。左体动脉弓向左弯转的弧顶处向上发出4支动脉：左、右颈总动脉和左、右锁骨下动脉，这4条动脉发出的方式有变化，同为家兔，不同个体可能也有不同的方式。

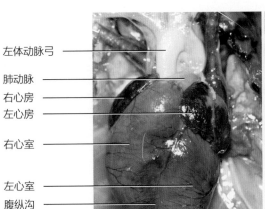

图16-12 家兔的心脏

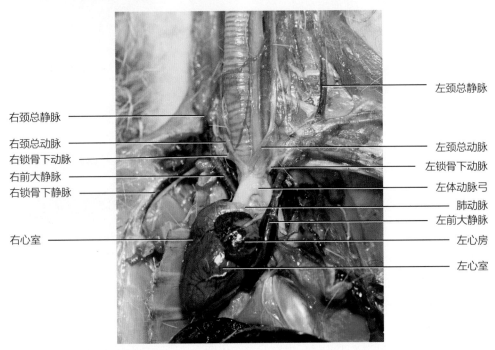

图16-13 家兔的主要动脉和静脉（示心脏周围）

颈总动脉（carotid artery）：左体动脉弓弧顶处分出的靠内侧（气管两边）的1对动脉干，即为左、右颈总动脉。每一支前行至下颌口角处，又分为内颈动脉和外颈动脉。内颈动脉绕向外侧背方，其主干进入脑颅，供应脑的血液，另一小分支分布于颈部肌肉；外颈动脉前行分成几个小支（观察时不需细找），供应头部、颜面部和舌的血液。

锁骨下动脉（subclavian artery）：左体动脉弓弧顶处分出的靠外侧的2支动脉，即左、右锁骨下动脉。锁骨下动脉到达腋部时可成为腋动脉，伸入上臂后形成右肱动脉。

背大动脉（dorsal aorta）：左体动脉弓向左弯折，沿胸腹腔背中线后行，称背大动脉。将心脏、胃、肠等器官移向右侧，顺血管走向仔细分离血管周围结缔组织，可见背大动脉沿途分支（图 16-14、图 16-15）。

肋间动脉（intercostal artery）：为背大动脉经胸腔分出的成对小动脉，沿肋骨后缘分布于胸壁。

腹腔动脉（coeliac axis artery）：为背大动脉进入腹腔后分出的第 1 支血管，其分支分布于胃、肝、胰、脾等器官。

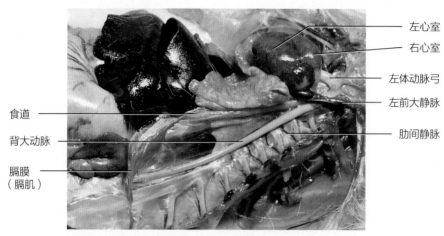

图16-14　家兔的胸腔内血管

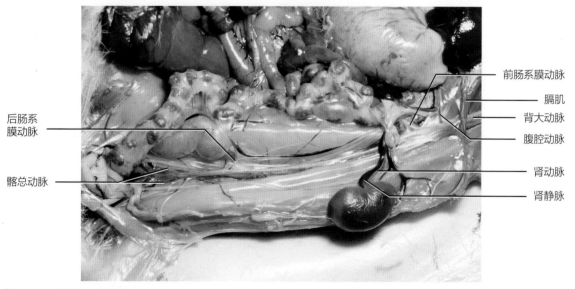

图16-15　家兔的腹腔内血管

前肠系膜动脉（anterior mesenteric artery）：在腹腔动脉后方，其分支至肠的各部和胰等器官。

肾动脉（renal artery）：1 对，通入右、左肾。

后肠系膜动脉（posterior mesenteric artery）：为背大动脉后段向腹右侧伸出的

一支小血管，分布到结肠和直肠。

生殖动脉（genital artery）：1 对，分布在雄性睾丸或雌性卵巢上。

腰动脉（lumbar artery）：用镊子分离背大动脉后段两侧的结缔组织和脂肪，并用镊子将之托起，可见其背侧前后发出 6 条腰动脉，进入背部肌肉。

髂总动脉（iliac artery）：为背大动脉末端分出的左、右 2 支大血管，每支又分出外髂动脉（external iliac artery）和内髂动脉（internal iliac artery）。外髂动脉后行进入后肢，在股部称为股动脉（femoral artery）。内髂动脉为内侧的较细分支，分布到盆腔脏器、臀部及尾部。

尾动脉（caudal artery）：用骨钳将耻骨合缝剪开提起直肠，用镊子将腹主动脉末端托起，可见其近末端的背侧发出 1 条尾动脉伸入尾部。

（3）静脉系统

除肺静脉外，主要有 1 对前大静脉和 1 条后大静脉，汇集全身的静脉血返回心脏。静脉血管外观上呈暗红色。

前大静脉（anterior vena cava）：分左、右 2 支，汇集锁骨下静脉和总颈静脉血液，向后注入右心房。

锁骨下静脉（subclavian vein）：分左、右 2 支，与同名动脉伴行，收集来自前肢的血液。

颈总静脉（carotid vein）：1 对，粗而短，分别由左、右外颈静脉和左、右内颈静脉汇合而成，外颈、内颈静脉与总颈动脉伴行。外颈静脉位于表层，较粗大，汇集颜面部和耳郭等处的回心血液。内颈静脉位于深层，较细小，汇集脑颅、舌和颈部的回心血。

奇静脉（azygos vein）：1 条，位于胸腔的背侧，紧贴背大动脉右侧，收集肋间静脉血液，在右前大静脉即将入右心房处，汇入右前大静脉。

后大静脉（posterior vena cava）：收集内脏和后肢的血液回心脏，注入右心房（图 16-16）。在注入处与左右前大静脉汇合。汇入后大静脉的主要血管有：

肝静脉（hepatic vein），来自肝的 4～5 条短而粗的静脉，在横膈后面汇入后大静脉。

肾静脉（renal vein），1 对，来自肾，右肾静脉位置略高于左肾静脉。

腰静脉（lumbar vein），6 条，较细小，收集来自背部肌肉的回心血液。

生殖静脉（genital vein），1 对，来自雄体睾丸或雌体卵巢。右生殖静脉注入后大静脉；左生殖静脉注入左肾静脉。

外髂静脉（external iliac vein），1 对，收集后肢回心血液。

内髂静脉（internal iliac vein），1 对，收集盆腔背壁、股部背侧的回心血液。

肝门静脉（hepatic portal vein），将肝各叶转向前方，其他内脏掀向左侧，把肝与十二指肠韧带展开，但不可将肠系膜撕裂。在此肠系膜中血管汇总为一粗大静脉，即肝门静脉（图 16-16）。肝门静脉收集胰、胃、脾、十二指肠、小肠、结肠、直肠、大网膜的血液，送入肝。

6. 脑

用骨钳从头骨的枕骨大孔开始小心剪开，并去除头骨顶部骨片，观察脑的各部分结构（图 16-17）。

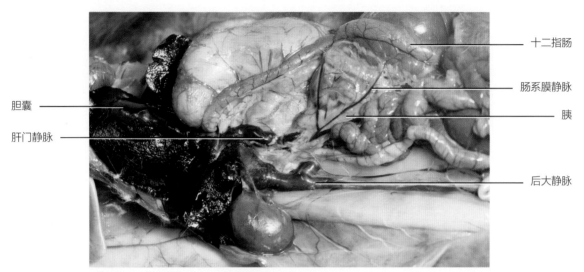

图16-16　家兔的后大静脉与肝门静脉

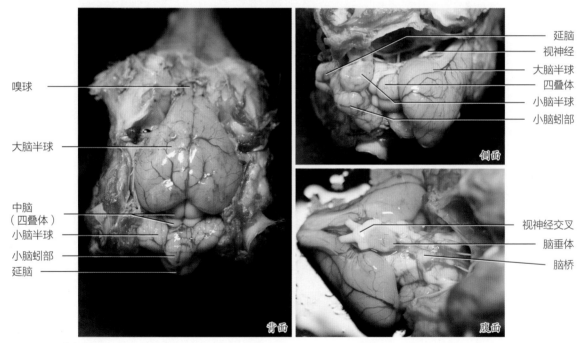

图16-17　家兔的脑

五、作业与思考

1. 根据观察到的家兔循环系统结构，绘制哺乳动物心脏及主要的动脉、静脉结构示意图。

2. 对比家鸽和家兔肺的结构特点及差别。

3. 通过实验观察，归纳家兔有哪些形态结构体现哺乳类的进步性特征。

鸟纲分类

一、实验原理

鸟类是体被羽毛的适应飞行生活的脊椎动物，生境广泛，种类多，生态类群有陆禽、游禽、涉禽、猛禽、攀禽等。不同类群、不同习性的鸟类在喙的类型、翅型、尾型及脚趾类型等方面有多样的变化，也是鸟类分类的主要依据。我国鸟类物种多样性丰富，种类约占世界鸟类总数的 14%。《中国鸟类分类与分布名录（第三版）》（郑光美，2017）汇总了新的鸟类分类变化，收录我国鸟类 26 目 109 科 1 445 种。

二、实验目的

1. 了解鸟体测量及分类有关术语，熟悉使用鸟类分类检索表。
2. 了解鸟类主要类群及其特征，认识常见的目和种类。

三、实验用具及材料

1. 卡尺，卷尺，放大镜。
2. 各种鸟类的剥制标本、陈列标本。

四、实验操作与观察

观察鸟类标本时，要爱护标本、轻拿轻放，不要扯动标本翼、腿等。分类检索中形态特征观察上的难点，可用挂图及幻灯片进行讲解。

（一）鸟体测量（图 17-1）

全长（total length）：自嘴端至尾端的长度（是未经剥制的量度）。

翅展长（length of spread wings）：两翼展开，自一翼最长飞羽端至另一翼相同部位的直线距离。

翅长（wing length）：自翼角（腕关节）至最长飞羽先端的直线距离。

尾长（tail length）：自尾羽基部到最长尾羽末端的长度。

嘴峰长（culmen length）：自嘴基生羽处至上喙先端的直线距离（具蜡膜的不包括蜡膜）。

跗跖长（tarsometatarsus length）：自跗胫关节的中点，至跗跖与中趾关节前最下方的整片鳞下缘。

嘴裂长（gape length）：上、下嘴汇合处至嘴端长。

中趾长（toe length）：中趾基部至爪基的长度。

爪长（claw length）：爪基至爪尖的直线距离。

体重（weight）：标本采集后所称量的质量。

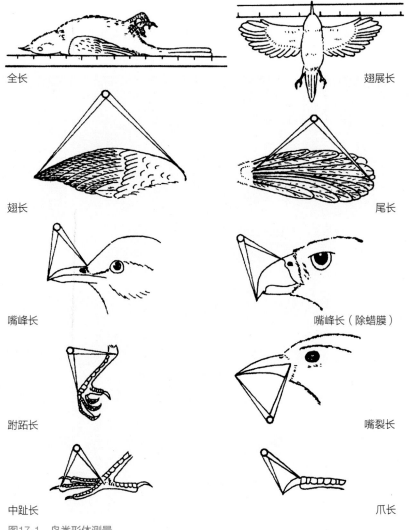

全长　　　　　　　　　　　　　　　　　　翅展长

翅长　　　　　　　　　　　　　　　　　　尾长

嘴峰长　　　　　　　　　　　　　　嘴峰长（除蜡膜）

跗跖长　　　　　　　　　　　　　　　　　嘴裂长

中趾长　　　　　　　　　　　　　　　　　爪长

图17-1　鸟类形体测量

（二）分类特征

1. 翼（wing）

飞羽（remex/flight feather）：分为初级飞羽（着生于掌骨和指骨）、次级飞羽（着生于尺骨）、三级飞羽（为最内侧的飞羽，着生于肱骨）。

覆羽（wing covert）：覆于翼的表里两面。分为初级覆羽、次级覆羽（分大、中、小3种）。

小翼羽（alula/bastard wing）：位于翼角处。

2. 后肢（posterior limb）（图17-2）

跗跖部（tarso-metatarsus）：胫部与趾部之间的长骨，或被羽，或着生鳞片。跗跖前缘的被鳞情况有以下几种：①具盾状鳞（scutellate scale），鳞片呈方形，纵列，如雉鸡等；②具网状鳞（reticulate scale），鳞片呈六角形或近圆形，交错排列，似网眼，如鹈鹕等；③具靴状鳞（booted scale），鳞片连成一整片，似靴筒状，如鸫科鸟类。

趾部（toe）：通常为4趾，依其排列的不同，可分为下列各种：①不等趾型（anisodactyl foot）（常态足），3趾向前，1趾向后，为最常见的一种，如鸡类、雀形

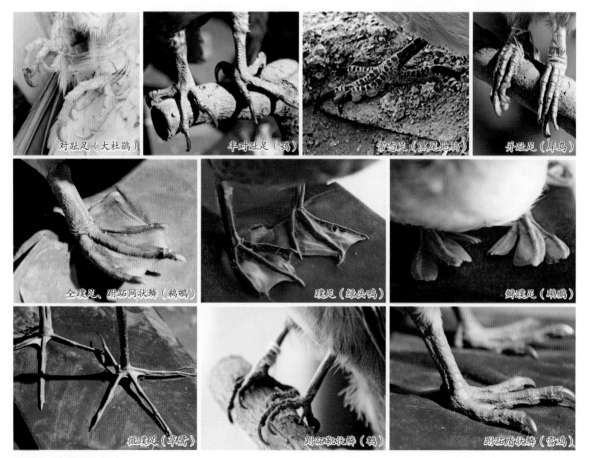

图17-2 鸟类足的类型

目鸟类；②对趾型（zygodactylous foot），第 2、3 趾向前，1、4 趾向后，如啄木鸟、大杜鹃等；③半对趾足（semi-zygodactylous foot），亦称转趾足，似常态足，但外趾（即第 4 趾）能够随意向后旋转，变为 2 趾向前、2 趾向后，类似对趾足；如鹗和猫头鹰；④异趾型（heterodactylous foot），第 3、4 趾向前，1、2 趾向后，如咬鹃；⑤并趾型（syndactylous foot），似常态足，但前 3 趾的基部并连，如佛法僧目鸟类；⑥前趾型（pamprodactylous foot），4 趾均向前方，为雨燕目的足型。

蹼（web）：大多数水禽具蹼，可分为以下几种：①全蹼足（totipalmate foot），4 趾间均有蹼膜相连，如鹈鹕、鸬鹚；②蹼足（palmate foot），前趾间具发达的蹼膜，如鸭类、燕鸥等；③凹蹼足（incised palmate foot），与蹼足相似，但蹼膜向内凹入，如浮鸥等；④半蹼足或微蹼足（semipalmate foot），蹼退化，仅在趾间基部存留，如鹤、鹳、鹭等；⑤瓣蹼足（lobed foot），趾两侧附有叶状蹼膜，如鸊鷉、骨顶鸡。

（三）分类检索

我国鸟类常见目检索表（传统分类系统）

1. 脚适于游泳；蹼较发达 2
   脚适于步行；蹼不发达或缺 5
2. 趾间具全蹼 ....鹈形目（Pelecaniformes）
   趾间不具全蹼 3
3. 嘴通常平扁，先端具嘴甲；雄性具交接器....................雁形目（Anseriformes）
   嘴不平扁；雄性不具交接器 4
4. 翅尖长；尾羽正常；趾不具瓣蹼.................................鸥形目（Lariformes）
   翅短圆；尾羽甚短；前趾具瓣蹼.........................鸊鷉目（Podicipediformes）
5. 颈和脚均较短；胫全被羽；无蹼.. 8
   颈和脚均较长；胫的下部裸出；蹼不发达 6
6. 后肢发达，与前趾在同一平面上；眼先裸出.................鹳形目（Ciconiiformes）
   后肢不发达或完全退化，存在时位置较其他趾稍高；眼先常被羽................. 7
7. 翅大都短圆，第 1 枚初级飞羽较第 2 枚短；趾间无蹼，有时具瓣蹼.............
   ....鹤形目（Gruiformes）
   翅大都形尖，第 1 枚初级飞羽较第 2 枚为长或等长（麦鸡属例外）；趾间蹼
   不发达或缺 ....鸻形目（Charadriiformes）
8. 嘴爪均特强锐而弯曲；嘴基具蜡膜... 9
   嘴爪平直或稍弯曲；嘴基不具蜡膜（鸽形目例外）................................. 10
9. 蜡膜裸出；两眼侧位；外趾不能反转（鹗属例外）；尾脂腺被羽......................
   ....隼形目（Falconiformes）
   蜡膜被硬须掩盖；两眼向前；外趾能反转；尾脂腺裸出.......鸮形目（Strigiformes）
10. 3 趾向前，1 趾向后（后趾有时缺少）；各趾彼此分离（除极少数外）.......... 15
    趾不具上列特征..11

□ 鸟纲分类

▶ 鸟纲分类

11. 足大都呈前趾型；嘴短阔而平扁；无嘴须 .... 雨燕目（Apodiformes）

　　足不呈前趾型；嘴强而不平扁（夜鹰目例外），常具嘴须 12

12. 足呈对趾型 13

　　足不呈对趾型 14

13. 嘴强直呈凿状；尾羽通常坚挺尖出 .... 鴷形目（Piciformes）

　　嘴端稍曲，不呈凿状；尾羽正常 .... 鹃形目（Cuculiformes）

14. 嘴长或强直，或细而稍曲；鼻不呈管状；中爪不具栉缘 ....

　　.. 佛法僧目（Coraciiformes）

　　嘴短阔；鼻通常呈管状；中爪具栉缘 .... 夜鹰目（Caprimulgiformes）

15. 嘴基柔软，被以蜡膜；嘴端膨大而具角质（沙鸡属例外）.................................

　　.. 鸽形目（Columbiformes）

　　嘴全被角质，嘴基无蜡膜 16

16. 后爪不较其他趾的爪为长；雄鸟常具距突 .... 鸡形目（Galliformes）

　　后爪较其他趾的爪为长；无距突 .... 雀形目（Passeriformes）

（四）代表种类观察

□ 鸟纲代表种类介绍

　　依实验室准备的我国常见鸟类标本，逐一观察下列各目鸟类和代表种（图 17-3）。

　　䴙䴘目：体型中等大，趾具分离的瓣蹼；后肢极度靠后；羽衣松软；尾羽短，全为绒羽，是善于游泳及潜水的游禽。如凤头䴙䴘（*Podiceps cristatus*）。

　　鹈形目：较大型鸟类，善游。4 趾间具全蹼；嘴强大具钩，喉部具发达的喉囊；善飞的食鱼禽。如斑嘴鹈鹕（*Pelecanus philippensis*）等。原鹈形目中的普通鸬鹚（*Phalacrocorax carbo*）等在新分类系统中归入鲣鸟目。

　　鹳形目：大中型涉禽。颈、嘴及腿均很长，趾细长，4 趾在同一平面上（鹤类的后趾高于前 3 趾）；眼先裸出。如黑鹳（*Ciconia nigra*）等。原鹳形目中的苍鹭（*Ardea cinerea*）、大麻鳽（*Botaurus stellaris*）等鹭科鸟类和朱鹮（*Nipponia nippon*）等鹮科鸟类目前归于鹈形目。

　　雁形目：大中型游禽。嘴扁，边缘有栉状突起，嘴端具嘴甲；前 3 趾具蹼，翼上常有绿色、紫色或白色的翼镜。如绿头鸭（*Anas platyrhynchos*）、大天鹅（*Cygnus cygnus*）、豆雁（*Anser fabalis*）、斑头雁（*Anser indicus*）等。

　　隼形目：猛禽，昼间活动。嘴弯曲，先端具利钩，便于捕食。脚强健有力，尖端有锐爪，为捕食利器。飞翔力强，视力敏锐。雌鸟较雄鸟体大。目前新的分类系统将其分为鹰形目和隼形目，前者如鹗（*Pandion haliaetus*）、普通鵟（*Buteo japonicus*）等，后者有红隼（*Falco tinnunculus*）、燕隼（*Falco subbuteo*）等。

　　鸡形目：适于陆栖步行，脚健壮，爪强钝，便于掘土觅食，雄性多有距。上嘴弓形，利于啄食。翼短圆，不善飞翔。多数种类雄性色艳，雌雄易辨。如马鸡（*Crossoptilon* spp.）、雪鸡（*Tetraogallus* spp.）、石鸡（*Alectoris chukar*）、山鹧鸪（*Arborophila* spp.）、长尾雉（*Syrmaticus* spp.）等。

　　鹤形目：除少数种类外，多为涉禽。腿、颈、喙多较长。胫下部裸出，后趾退化，如具后趾，则高于前 3 趾（4 趾不在同一平面上）。蹼大多退化，眼先大多被羽。如丹顶鹤（*Grus japonensis*）、骨顶鸡（*Fulica atra*）等。

鸻形目：中小型涉禽。体多为沙土色，有保护作用。翅尖，善飞。趾间蹼不发达或消失。如金眶鸻（*Charadrius dubius*）、黑翅长脚鹬（*Himantopus himantopus*）等。

鸥形目：体大多呈银灰色。前 3 趾间具蹼；翅尖长，尾羽发达。海洋性鸟类，习性近于游禽。如棕头鸥（*Chroicocephalus brunnicephalus*）、普通燕鸥（*Sterna hirundo*）等。目前并入鸻形目，为鸻形目鸥科。

鸽形目：陆禽。嘴短，基部大多柔软，鼻孔被蜡膜。腿、脚红色，4 趾位于一个平面上。如岩鸽（*Columba rupestris*）、灰斑鸠（*Streptopelia decaocto*）等。原鸽形目中的毛腿沙鸡（*Syrrhaptes paradoxus*）等沙鸡类在新分类系统中归属于沙鸡目。

鹃形目：对趾型。外形似隼，但嘴不具钩。攀禽。许多种类为寄生性繁殖。如大杜鹃（*Cuculus canorus*）等。

鸮形目：足外趾向后转，呈对趾型，称转趾型；眼大向前，多数具面盘；耳孔大且具耳羽。嘴、爪坚强弯曲。羽毛柔软，飞行无声。夜行性猛禽。如长耳鸮（*Asio otus*）等。

夜鹰目：前趾基部并合，为并趾型；中趾爪具栉状缘，羽毛柔软，飞时无声；口宽阔，边缘具成排的硬毛状嘴须。体色与树干色同。夜行性攀禽。如普通夜鹰（*Caprimulgus indicus*）等。

雨燕目：后趾向前转，称为前趾型；嘴短阔而平扁，无口须；翼尖，善飞翔。小型攀禽。如普通雨燕（*Apus apus*）等。目前新分类系统将原雨燕目并入夜鹰目。

佛法僧目：足呈并趾型。嘴长而直，有些种类的嘴弯曲。中小型攀禽。营洞巢。如普通翠鸟（*Alcedo atthis*）、冠鱼狗（*Megaceryle lugubris*）等。原佛法僧目中的戴胜（*Upupa epops*）在新分类系统中归属于犀鸟目。

䴕形目：又称啄木鸟目。足为对趾型；嘴长直，形似凿；尾羽轴坚硬而富有弹性。中小型攀禽。如大斑啄木鸟（*Dendrocopos major*）、灰头绿啄木鸟（*Picus canus*）等。

雀形目：为种类最多的一个目。鸣管、鸣肌复杂，善鸣啭，故又称鸣禽类。足趾 3 前 1 后，为离趾型；跗跖后缘鳞片多愈合为一块完整的鳞，称为靴状鳞。大多巧于营巢。我国常见的雀形目鸟类约有 40 余科，可选看一些代表种类。

五、作业与思考

1. 总结我国鸟类主要目的简要特征。
2. 随机挑选 10 个鸟类标本或图片，说出该物种所属的目及其形态特征。

䴙䴘目（凤头䴙䴘）　　鹳形目（苍鹭）　　鹳形目（大麻鳽）

鲣鸟目（普通鸬鹚）　　鹳形目（黑鹳）　　雁形目（绿头鸭）

雁形目（斑头雁）　　鹰形目（鹗）　　鹰形目（普通鵟）

隼形目（燕隼）　　鸡形目（蓝马鸡）　　鸡形目（石鸡）

鹤形目（黑颈鹤）　　鹤形目（骨顶鸡）　　鸻形目（金眶鸻）

图17-3　鸟纲主要目的代表物种

鸻形目（黑翅长脚鹬）　鸻形目（棕头鸥）　鸽形目（灰斑鸠）

沙鸡目（毛腿沙鸡）　鹃形目（大杜鹃）　鸮形目（长耳鸮）

夜鹰目（普通夜鹰）　夜鹰目（普通雨燕）　佛法僧目（普通翠鸟）

佛法僧目（冠鱼狗）　犀鸟目（戴胜）　啄木鸟目（灰头绿啄木鸟）

雀形目（喜鹊）　雀形目（画眉）　雀形目（树麻雀）

哺乳纲分类

一、实验原理

哺乳纲分为原兽亚纲、后兽亚纲和真兽亚纲。真兽亚纲为高等的胎生种类，具有真正的胎盘，大脑发达，现存哺乳类绝大多数种类属此亚纲，遍布全球。魏辅文等（2021）根据最新的形态学和分子遗传学证据，综合兽类分类学家的意见，形成了最新的中国兽类名录，即中国现生兽类有 12 目 59 科 686 种。其中长鼻目、海牛目和攀鼩目我国各只有 1 种。与传统分类系统比较，鲸目与偶蹄目合并为鲸偶蹄目，鳍脚目归入食肉目中，食虫目改为劳亚食虫目。

二、实验目的

1. 了解哺乳类分类特征，学习使用哺乳纲检索表。
2. 了解哺乳纲重要目及科的特征，认识常见的种类。

三、实验用具及材料

1. 卡尺，卷尺，放大镜，实体显微镜（观察啮齿类臼齿示范标本）。
2. 供检索观察用的哺乳类标本。

四、实验操作与观察

获得一个哺乳类标本，首先要进行以下测量。

（一）外部测量（图 18-1）

体长（body length）：由头的吻端至尾基。

尾长（tail length）：由尾基至尾的尖端（不包括尾端毛）。

耳长（auris length）：由耳尖至耳着生处（不包括耳毛）。

后足长（metapedes length）：后肢跗跖部连趾的全长（不包括爪长）。

此外，尚须称量体重，鉴定性别，并注意形体各部的一般形状、颜色（包括乳头、腺体、外生殖器等），以及毛的长短、厚薄和粗细等。

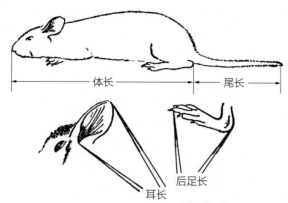

图18-1 哺乳类形体测量

（二）头骨测量（图 18-2）

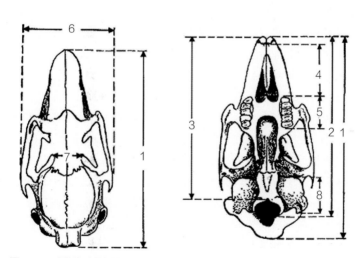

图18-2 哺乳类头骨测量

1. 颅全长　2. 颅基长　3. 基长　4. 上齿隙长　5. 上齿列长　6. 颧宽
7. 眶间宽　8. 听泡长

颅全长（total length of skull）：头骨最大的长度，自头骨前端最突出点到后端最突出点的直线距离。

颅基长（length of basicranialis）：从前颌骨前部最突出点到枕髁后缘。

基长（length of basal part）：枕骨大孔前缘至门牙前基部或颅底骨前端的长度。

上齿隙长（length of upper diastema）：上颌犬齿虚位最大距离。

上齿列长（length of upper dentition）：从犬齿前缘到最后臼齿后缘。如犬齿缺如，则从前臼齿前缘开始。

颧宽（malar width）：两颧外缘间的最大水平距离。

　　眶间宽（interorbital width）：两眶内缘间的最小距离。

　　听泡长（length of otic vesicle）：由听泡最后缘至最前缘间的距离。

（三）兽类检索表

我国兽类分目检索表（传统分类系统）

▶哺乳纲分类

1. 具后肢 2

　　后肢缺 12

2. 前肢特别发达并具翼膜，适于飞行 .... 翼手目（Chiroptera）

　　构造不适于飞行 3

3. 牙齿全缺，身披鳞甲 .... 鳞甲目（Pholidota）

　　有牙齿，体无鳞甲 4

4. 上下颌的前方各有 1 对发达的呈锄状的门牙 5

　　门牙多于 1 对，或只有 1 对而不呈锄状 6

5. 上颌具 1 对门牙 .... 啮齿目（Rodentia）

　　上颌具前后两对门牙 .... 兔形目（Lagomorpha）

6. 四肢末端指（趾）分明，趾端有爪或趾甲 7

　　四肢末端趾愈合，或有蹄 10

7. 前后足拇趾与他趾相对 .... 灵长目（Primates）

　　前后足拇趾不与他趾相对 8

8. 吻部尖长，向前超出下唇甚远，正中 1 对门牙通常显然大于其他各对 ....
　　.. 食虫目（Insectivora）

　　上下唇通常等长，正中 1 对门牙小于其余各对 9

9. 体形呈纺锤状，适于游泳；四肢变为鳍状 .... 鳍脚目（Pinnipedia）

　　体形通常适于陆上奔走；四肢正常；趾分离，末端具爪 ....食肉目（Carnivora）

10. 体形特别巨大，鼻长而能弯曲 .... 长鼻目（Proboscidea）

　　体形巨大或中等，鼻不延长也不能弯曲 11

11. 四足仅第 3 趾或第 4 趾大而发达 .... 奇蹄目（Perissodactyla）

　　四足第 3、4 趾发达而等大 .... 偶蹄目（Artiodactyla）

12. 同型齿或无齿，呼吸孔通常位于头顶，多数具背鳍；乳头腹位 ....
　　.. 鲸目（Cetacea）

　　多为异型齿，呼吸孔在吻前端，无背鳍；乳头胸位 .... 海牛目（Sirenia）

（四）代表种类观察（图 18-3、图 18-4）

1. 食虫目

　　小型兽类。四肢短，具五趾，有利爪；体被软毛或硬棘；吻细长突出，牙齿原始，适于食虫；外耳及眼较退化。大多数为夜行性。目前新分类系统将食虫目分为非洲猬目和劳亚食虫目。

刺猬（*Erinaceus europaeus*）：体背被有棕、白相间的棘刺，其余部分具浅棕色深淡不等的细刚毛。齿式为 3·1·3·3/2·1·2·3。

普通鼩鼱（*Sorex araneus*）：外貌似鼠，体被灰褐色细绒毛，尾细长具疏毛。齿式为 3·1·3·3/1·1·1·3。

2. 翼手目

前肢特化，适于飞翔。具特别延长的指骨。由指骨末端至肱骨、体侧、后肢及尾之间，着生有薄而韧的翼膜，藉以飞翔。第 1 指或第 2 指端具爪。后肢短小，具长而弯的钩爪；胸骨具胸骨突起；锁骨发达；齿尖锐。

蝙蝠（*Vespertilio* spp.）：体小型。耳较大，眼小，吻短，前臂长 31～34 mm。体毛黑褐色。

3. 灵长目

大多数种类拇指（趾）与其他指（趾）相对；锁骨发达，手掌（跖部）具两行皮垫，利于攀缘；少数种类指（趾）端具爪，但大多具指（趾）甲。大脑半球高度发达；眼前视，视觉发达；嗅觉退化。

猕猴（*Macaca mulatta*）：尾长约为体长的 1/2，颜面和耳多呈肉色；胼胝红色，体毛色棕黄。

川金丝猴（*Phinopithecus roxellanae*）：为我国珍稀特有种类，分布于川南、陕南及甘南的 3 000 m 高山上。体披金黄色长毛；眼圈白色；尾长；无颊囊。

4. 鳞甲目

体外被覆角质鳞甲，鳞片间杂有稀疏硬毛；不具齿；舌发达；前爪极长。

穿山甲（*Manis pentadactyla*）：体背面披角质鳞片，鳞片间有稀疏的粗毛。头尖长，口内无齿，舌细长，善于伸缩。主要食物为白蚁和蚂蚁。

5. 兔形目

为中小型草食类。上颌具有 2 对前后着生的门牙，后面 1 对很小，故又称重齿类。

草兔（*Lepus capensis*）：背毛土黄色，后肢长而善跳跃；耳壳长；尾短。

6. 啮齿目

在哺乳动物中，啮齿目的种类和数量最多，遍布全球。主要特征为：体中小型。上下颌各具 1 对门牙，仅前面被有珐琅质。门牙呈凿状，终生生长；无犬牙（犬牙虚位）；嚼肌发达，适应啮咬坚硬物质；白齿常为 3/3。

灰鼠（*Sciurus vulgaris*）：属松鼠科。夏毛褐色，冬毛灰色；尾具蓬松长毛；耳尖具丛毛。

黄鼠（*Citellus dauricus*）：属松鼠科。体棕黄色，尾不具丛毛。

黑线仓鼠（*Cricetulus barabensis*）：属仓鼠科。体灰褐色，尾短，背中有 1 条黑色背纹；具颊囊。

鼢鼠（*Myospalax fontanierii*）：属仓鼠科。地下掘穴生活，似鼹鼠，但体较粗大；吻钝。

小家鼠（*Mus musculus*）：属鼠科。体较小，门牙内侧有缺刻。

褐家鼠（*Rattus norvegicus*）：属鼠科。体较大，白齿齿尖 3 列，每列 3 个。

　　三趾跳鼠（*Dipus sagitta*）：属跳鼠科。前肢极小；后足仅3趾，长而善跳跃。生活于荒漠地区。

　　7. 食肉目

　　猛食性兽类。门牙小，犬牙强大而锐利；上颌最后1枚前臼齿和下颌第1枚臼齿特化为裂齿（食肉齿）；指（趾）端常具利爪，利于撕捕食物；脑及感官发达；毛厚密，且多具色泽。

　　狐（*Vulpes vulpes*）：属犬科。体长，面狭吻尖；四肢较短；尾长大，超过体长的1/2，尾毛蓬松，端部白色。

　　黑熊（*Selenarctos thibetanus*）：属熊科。吻部钝短，前肢腕垫大，与掌垫相连；胸部有规则的新月形白斑。

　　黄鼬（*Mustela sibirica*）：属鼬科。体形细长，四肢短；颈长、头小；尾长约为体长的1/2，尾毛蓬松，背毛为棕黄色。

　　獾（*Meles meles*）：属鼬科。鼬科中较大型种类；体躯肥壮，四肢粗短；吻尖，眼小；耳、颈、尾均短。具黑褐色与白色相杂的毛色。

　　果子狸（*Paguma larvata*）：属灵猫科。又名花面狸。头部从吻端直到颈后有一条白色纵纹，眼下和眼后各有一白斑。脸面部黑白相间。脚全黑。

　　豹猫（*Prionailurus bengalensis*）：属猫科。体形似家猫但稍大，尾较粗；眼内侧有两条白色纵纹，体毛灰棕色，杂有不规则的深褐色斑纹。

　　8. 鳍脚目

　　适于水中生活。体呈纺锤形，密被短毛；四肢鳍状，5趾间具蹼；尾短而夹于后肢间。目前新分类系统将鳍脚目归入食肉目。

　　海豹（*Phoca vitulina*）：体肥壮呈纺锤形；头圆，眼大，无外耳壳，口须长；成体背部苍灰色，杂有棕黑色斑点。

　　9. 奇蹄目

　　草原奔跑兽类。四肢的中指（趾）即第3指（趾）发达，指（趾）端具蹄。门牙适于切草，犬牙形状似门牙，前臼齿与臼齿形状相似，嚼面有棱脊，有磨碎食物的作用。单胃；盲肠大。可观察马或驴。

　　10. 偶蹄目

　　第3、4指（趾）同等发达，故称为偶蹄，并以此负重（第2、5趾为悬蹄），尾短；上门牙常退化或消失，有的犬牙形成獠牙，有的退化或消失，臼齿咀嚼面突起型很复杂，不同的科因食性不同而有变化。此目种类众多。目前新分类系统将偶蹄目和鲸目合并为鲸偶蹄目。

　　野猪（*Sus scrofa*）：属猪科。体形似家猪，但吻部更为突出；体被刚硬的针毛，背上鬃毛显著；毛色一般呈黑褐色；雄猪具獠牙。

　　黄羊（*Procapra gutturosa*）：属牛科。雌性不具角，四肢细而善奔跑；蹄窄，尾短；生活于草原及半荒漠地区。

图18-3　哺乳纲主要目的代表种类（1）

图18-4　哺乳纲主要目的代表种类（2）

五、作业与思考

总结真兽亚纲中重要目的特征。

自选
实验

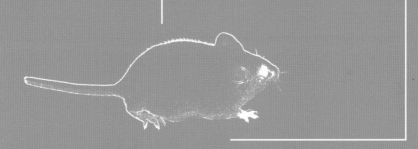

草履虫生态学实验

一、实验原理

草履虫是生活在淡水水体中的原生动物纤毛纲种类。当水体中的环境因子（如酸碱度、盐度）变化时，水体中的动物（如草履虫）将有明显的反应和自我调节机制，可以通过实验来确定其最适的环境条件。

在自然条件下，因受空间、食物等必需资源的限制，动物种群数量不可能持续地呈几何级数增长。随着数量的上升，个体间对资源的竞争相应增加，影响种群的出生率和存活率，使种群增长率下降，种群数量停止增加甚至下降。逻辑斯谛方程（logistic equation）即是描述在资源有限的条件下种群增长规律的最佳数学模型。在18℃～20℃环境中，草履虫在有限的培养液中，其种群增长规律符合逻辑斯谛模型。

二、实验目的

1. 了解监测水体中原生动物种群数量变化的方法。
2. 了解草履虫对一些环境因子变化的反应。
3. 了解并验证受环境条件限制的草履虫种群增长。

三、实验用具及材料

1. 普通光学显微镜，恒温箱或培养箱，烧杯，三角烧杯，载玻片，盖玻片，移液器，吸管，脱脂棉，纱布。
2. 低浓度乙酸溶液（所需浓度可自行确定、配制），蒸馏水，低浓度NaCl溶液。
3. 大草履虫（*Paramecium caudatum*）原液（纯培养）。

四、实验操作与观察

（一）制备草履虫培养液

可以用大米粒、酵母和稻草水来制备草履虫培养液，注意培养液浓度不要太高。

（二）草履虫实验种群的增长

1. 草履虫的移入、接种

开展草履虫种群增长方面的实验，需要明确初始密度。在三角烧杯中加入定量的培养液，接种定量的草履虫个体（图 19-1）：用移液器吸取定量的草履虫母液，分开滴在干净的载玻片上（图 19-2）。每个液滴不要太大，确保每个液滴能在 4 倍物镜视野中被全部包括进去。将含草履虫的液滴保留并确定其中的个体数，其余液滴用脱脂棉球擦掉。然后用吸管吸取三角烧杯中的培养液，将载玻片上保留的液滴冲入三角烧杯中。重复多次（初始密度不宜过低），完成定量接种。

2. 草履虫种群密度的检测

用移液器从培养液中吸取定量的草履虫液体，分小滴滴于载玻片上（图 19-2）。在低倍显微镜下，使每小滴整体呈现在视野之内，直接统计其内所有草履虫的数量，推算培养液中草履虫的平均密度（只 / mL）。注意：每次吸液前都要将三角烧杯中的培养液摇匀；烧杯中培养液的上层、中层、下层各计数几次；反复取样多次，取样次数多才能体现实际数量；每次计数的方法、标准要一致。

用清洁纱布罩上三角瓶口，放在 18 ~ 20℃的恒温箱中培养。

每隔 24 h 检测 1 次（方法如上述），在快速增长期也可以每隔 12 h 检测一次。草履虫种群密度的增长一般在第 5 ~ 6 天达顶点。此后再计数 2 ~ 3 天。

图19-1　大草履虫

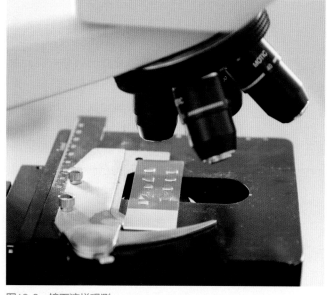

图19-2　镜下滴样观测

3. 数据分析

（1）逻辑斯谛方程

种群在有限环境下的增长符合逻辑斯谛方程：

$$dN/dt = rN [(K - N) / K] = rN [1 - N/K]$$

其中，N 是在时间 t 时的种群数量，K 是环境条件所允许的种群数量的最大值，即环境容纳量；r 是种群的瞬时增长率。

该模型有 2 个基本假设：①设想存在一个环境条件所允许的最大值 K，当种群数量达到 K 时，不再增长，即 $dN/dt = 0$；②设想使种群增长率降低的影响是最简单的，即其影响随着密度上升而逐渐地、按比例地增大。

（2）计算 K 值

可采用以下两种方法之一。

①平均法：以培养天数为横坐标，种群数量为纵坐标，在坐标纸上描点。达到平衡点开始的一天与以后几天观测数据之和的平均值即为 K 值。例如草履虫增长数在培养第 6 天开始达到高峰（即平衡），第 7 ~ 8 天不再增长（即已平衡），则把第 6 ~ 8 天观测的草履虫数之和除以 3，求得平均值，即为 K 值。

②三点法：

$$K = [2N_1 N_2 N_3 - N_2^2 (N_1 + N_3)] / (N_1 N_3 - N_2^2)$$

其中 N_1、N_2、N_3 是等距离横坐标（培养天数）上所对应的纵坐标值（种群数量）。

（3）逻辑斯谛方程的拟合

逻辑斯谛方程的积分式为：

$$N = K / (1 + e^{a-rt})$$

进一步变换，可得：

$$a - rt = \ln [(K - N) / N]$$

此式可看成为直线方程式

$$y = a + bx$$

其中 y 为 $\ln [(K - N) / N]$，x 为 t。将求出的 K 值、时间 t 及 t 时的 N 值（实际计数）代入直线方程，根据直线回归分析法，求出 a 和 r 值，从而得出草履虫种群增长的逻辑斯谛方程。按此方程可得出理论值，可与实计值进行比较。

逻辑斯谛方程的拟合也可以用有关统计分析软件（例如 SPSS）进行。

（三）草履虫对酸度的反应

（1）准备 4 ~ 5 个梯度的低浓度乙酸溶液（能使草履虫存活的浓度）。

（2）吸取纯培养的草履虫水样液（虫体密度要高），滴一滴在载玻片中央，在低倍镜下观察其活动。

（3）用毛细滴管吸取不同浓度的乙酸溶液，滴加在草履虫水样液的中心（缓慢加入），观察其对不同浓度的酸度反应，记录并描述。

（四）草履虫对盐度的反应

（1）准备蒸馏水和不同浓度的 NaCl 溶液（1 g/L、3 g/L、5 g/L、7 g/L）。

（2）吸取不同浓度的 NaCl 溶液，滴在载玻片上。用毛细管吸取草履虫水样液放入 NaCl 液滴中，镜下观察草履虫的伸缩泡，记录不同浓度下伸缩泡的收缩频率。

以上实验可在小组内分工测取。

五、作业与思考

按照科技文章的格式撰写一个实验报告，包括实验名称、摘要、引言、方法、结果、讨论、参考文献。注意：方法与讨论部分要详细，包括失败的实验操作及其原因分析；结果部分多用图表来说明。

涡虫的再生

一、实验原理

再生是指动物被离断的器官重建的过程，一般包括修复性再生和生理性再生两种主要形式。许多无脊椎动物都以此方法重建失去的身体部分，其中海绵动物、腔肠动物、扁形动物和棘皮动物的再生能力最为惊人。涡虫为扁形动物门自由生活的种类，三角真涡虫（*Dugesia gonocephala*）分布广，生活于清凉的淡水溪流中，对水温、水质的要求较高，是研究动物再生的常用物种。

二、实验目的

1. 通过再生实验，了解涡虫的再生情况及再生研究的基本技术方法。
2. 通过活体观察，进一步了解涡虫的特征。

三、实验用具及材料

1. 体视显微镜，放大镜，培养皿，载玻片，盖玻片，解剖针，解剖刀，双面刀片，烧杯。
2. 75% 乙醇。
3. 活三角真涡虫（采集回来后实验室培养，注意保持水质清凉，最好在清洁的流水中，放于阴暗处）。

四、实验操作与观察

（一）涡虫活体观察

1. 外形观察

将活的三角真涡虫放于盛有清水的小培养皿中，用放大镜或解剖镜观察：三角真涡虫体呈叶片状扁平，前端三角形，两侧耳状突出为耳突（耳突的作用是什么），前端有两个黑色眼点（涡虫趋光还是避光），身体背面稍隆起，腹面平坦，大约在身体后方 1/3 处腹面中央有一圆管状咽囊，囊内为一肌肉质管状的咽，可以从咽囊内伸出或缩入，咽的后端（非游离端）紧接为口；无肛门，腹面体表密生纤毛。从涡虫外形上来理解扁形动物开始具有了两侧对称体制。

观察涡虫的运动（其运动靠什么来完成）。

2.　焰细胞原肾结构的观察

取饥饿数日的涡虫，置于载玻片上，滴加少量清水，加盖玻片后用解剖针轻压，使涡虫组织破碎外溢，静置片刻后在低倍镜下观察。可见其体两侧出现一系列不规则光亮羽枝，选取一段清晰处转至高倍镜下观察，可见到焰细胞中摆动的纤毛束和原肾管管腔。

（二）涡虫再生

取健康的活涡虫放于载玻片上，滴少量水，待其伸展开后，用经 75% 乙醇消毒的解剖刀或双面刀片按事先设计好的部位进行切割。切割时，刀口要与载玻片垂直，切面要平整。切开后的身体片段分别放入盛有清水的玻璃小容器内，做好记录（如编号、时间、切割部位、方式等）。2～3 天内换一次水，置于阴凉处，注意观察其再生情况（图 20-1）。

注意，培育涡虫用的清水需煮沸并静置 1 天后使用。切割前、后 1 周内不喂食。

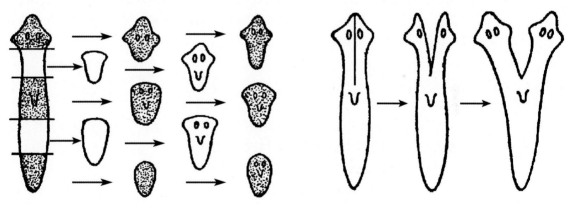

图20-1　涡虫再生实验示意图

五、作业与思考

比较不同切割部位（方式）处理的涡虫的再生速度。

血液实验

一、实验原理

脊椎动物的血液在体内承担着物质运输、免疫等重要的生理功能，那么不同动物在血液组成和血细胞上有什么样的差异？了解这一问题对理解血液的功能以及不同动物体的血细胞特征很有帮助。

动物组织细胞的体外培养、许多产品的细菌学检查、微生物培养等科研、生产活动和临床检验上常常需要检测细胞的数量。测定细胞数量的方法有多种，其中用血细胞计数板于显微镜下直接计数的方法样品用量少，操作简便、快速、直观，是一种较常用的细胞计数方法。

二、实验目的

1. 学习人体微量采血以及不同脊椎动物活体采血的方法，学习血涂片制作方法和用血细胞计数板进行细胞直接镜检计数的方法。
2. 以人血涂片为例，认识一般哺乳动物血液的基本成分。
3. 了解不同脊椎动物血液的差异。

三、实验用具及材料

1. 普通光学显微镜，血细胞计数板，载玻片，盖玻片，培养皿，试管，吸管，采血管，干棉球。
2. 瑞特染液，蒸馏水，树胶。
3. 活体脊椎动物（包括鱼、牛蛙、家鸽、小鼠），人血涂片装片。

四、实验操作与观察

（一）血涂片的制备、观察和血细胞的计数

1. 血液涂片及染色

（1）准备两个干净载玻片。

（2）将采到的血液滴一滴于一个载玻片的右边，立即用另一洁净载玻片的磨边接触到血滴上，血液便散布到两玻片之间，以 45° 角向左推动，即涂成血液薄膜。注意：涂片推动速度要快，血膜要薄，否则血细胞重叠，不利于观察；推动速度要匀，否则血膜成波浪形，厚薄不匀；推动时用力不宜过重，否则损伤血细胞；要一次涂成（图 21-1）。

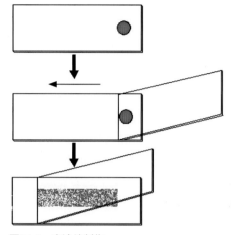

图21-1　血涂片制作

（3）待干后，选薄而均匀的血膜用蜡笔在该区域左右两边划线，作成堤防。

（4）滴入瑞特染液（Wright stain，自行查找其配方），盖满所选血膜，用培养皿盖住以防染液蒸发，静放 1～2 min 后，用等量的蒸馏水或缓冲液与染液混合，继续染 2～5 min，如液面浮现一层金黄色金属状物质，表示染液已起作用，否则染色失败。

（5）用蒸馏水冲去剩余染液，血膜呈粉红色，晾干即可镜检。如要保存留用，可滴树胶封固。

染色结果：以人血涂片为例，红细胞细胞质粉红色，淋巴细胞细胞质天蓝色、细胞核蓝紫色，嗜碱性粒细胞蓝色，嗜酸性粒细胞粉红色，中性粒细胞淡玫瑰红色（图 21-2）。

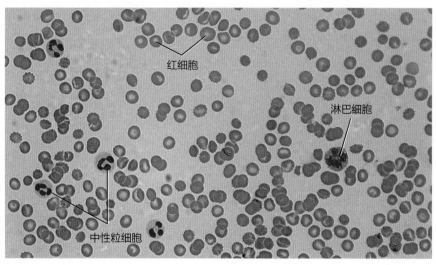

图21-2　人血涂片

2. 人血涂片的观察

先后用低倍镜、高倍镜和油镜观察制备好的人血涂片，辨识血液中的有形成分。

（1）红细胞（erythrocyte）

红细胞是染成粉红色的小而圆的无核细胞，为血涂片上最多的细胞成分。

（2）白细胞（leukocyte）

慢慢移动血涂片，可找到各类白细胞。白细胞数目少，但胞体大，细胞核明显，易与红细胞区分开。

①**粒细胞（granulocyte）** 细胞质中有特殊染色颗粒的白细胞，可分为中性粒细胞、嗜酸性粒细胞和嗜碱性粒细胞。

中性粒细胞（neutrophilic granulocyte）：是白细胞中数量最多的，体稍大于红细胞。胞质淡红色，胞质中充满染成蓝紫色的细小颗粒。细胞核紫色，形状变化大，常分为 2 ～ 5 叶。如细胞核呈杆状，为中性粒细胞的幼稚型。

嗜酸性粒细胞（eosinophilic granulocyte）：数量少，占白细胞总数的 2%~4%。较中性粒细胞大，胞质中充满染成橘红色、大小一致的粗大圆形颗粒。细胞核淡紫色，通常分为两叶。

嗜碱性粒细胞（basophilic granulocyte）：数量极少，只占白细胞总数的 1% 以下，不易找到。胞质呈浅红色，其中分散着大小不一的紫色或深蓝色颗粒。细胞核染色浅，形状不定，圆形或分叶。

②**淋巴细胞（lymphocyte）** 胞质少，常为围绕细胞核的一薄层，其中无颗粒，染成淡蓝紫色。细胞核大，常呈圆形或卵圆形，染成深蓝紫色。可分为大、中、小三类淋巴细胞。

③**单核细胞（monocyte）** 标本上不易找到。为血液中最大的细胞，与大淋巴细胞有些相似，但细胞核约占细胞的一半，呈卵圆形或马蹄形，常在细胞的一侧，染色淡。胞质不清明，呈淡灰蓝色。

（3）血小板（blood platelet）

血小板是形状不规则的染成淡蓝色的原生质小体，内有紫色颗粒，分布在红细胞间，常聚集成堆，高倍镜下一般只能看到成堆的紫色颗粒。

3. 血细胞计数

（1）血细胞计数板的结构

血细胞计数板为一块特制的长方形厚载玻片（图 21-3），在中部 1/3 面积处有 4 条槽。内侧 2 条槽之间还有 1 条横槽相通，因此在中部构成 2 块长方形平台。此平台比整个载玻片的平面低 0.1 mm。平台中部各刻有 1 个含 9 个大方格的方格网，为计数室。每 1 个大方格边长 1 mm，面积为 1 mm^2，体积为 0.1 mm^3。四角的每 1 个大方格又被分为 16 个中方格，适用于白细胞、血小板和培养细胞的计数。中央的大方格则由双线划分为 25 个中方格，每个中方格面积为 0.04 mm^2，体积为 0.004 mm^3，每个中方格又分成 16 个小方格，即中央的大方格有 16 × 25 = 400 个小方格，适用于红细胞、微生物细胞的记数。

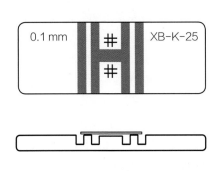

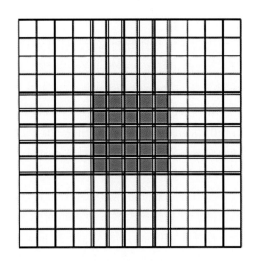

图21-3 血细胞计数板示意图

（2）采血管

采血管为一细长、均匀的毛细玻璃管，其上有 2 个刻度，前端刻度指示的容量为 10 mm³，后端的为 20 mm³，尾端与 1 个带孔的橡皮吸球相连。

（3）采血及稀释

①用 1 mL 吸管准确吸取 0.38 mL 白细胞稀释液，放入 1 支干净的小试管内，加塞备用。用 5 mL 吸管准确吸取 3.98 mL 红细胞稀释液，放入另 1 支干净的中试管内，加塞备用。

②采血步骤同血涂片采血，可与血涂片制作采血时同时进行。待流出第 2 滴血成大滴时，用采血管吸血至 20 mm³ 刻度处。吸血时应注意，不可过度挤压组织以图加速血液流出；吸血时应尽量利用毛细管现象使血液自动进入采血管内。操作要快，以防止血液凝固。若血柱超出规定刻度 1 ～ 2 mm，可用干棉球轻触管口（此时须执管于水平位置），吸去多余部分，使血液面恰至规定刻度处。拭去附着于吸管尖端外部的血液。若血液面超过规定刻度 2 mm 以上或吸入气泡，则应重新吸取血液。将采血管内血液放入盛有白细胞稀释液的小试管底部。

③趁出血处尚有血液流出，及时用另一支采血管依同样方法吸血至 20 mm³ 刻度处，并将血液吹入盛有红细胞稀释液的中试管底部。轻轻摇振试管 1 ～ 2 min，以摇匀稀释的血液，但不可用力过猛，以免发生泡沫。

（4）充液

两类血细胞计数分两次充液，方法如下：

①取干净的血细胞计数板平放于实验台上，将盖玻片置入计数板正中央。计数板和盖玻片在使用前必须用软绸或擦镜纸擦净，并在低倍镜下检查计数室是否干净，其刻度是否清晰。用小滴管吸取稀释血液，并将管尖轻轻斜置于盖玻片边缘，让稀释血液缓慢流出，借毛细管现象而自动流入计数室内。一般应一次使计数室内充满稀释血液，若经几次充灌，易形成气泡，此时应洗净计数板和盖玻片，干燥后重新充液。

②稀释的血液充入计数室后，静置 2 ～ 3 min，待细胞不再浮动后，于低倍镜下计数。

（5）计数

为防止重复计数和漏数，计数时应遵循一定的顺序进行，即"从左到右，自上而下"；对正好压在格线上的血细胞，依照"数上不数下，数左不数右"的原则进行计数。

如计数白细胞时发现各大方格的白细胞数相差8个以上，计数红细胞时发现各中方格的红细胞数最多与最少相差20个以上时，则表示血细胞分布不均匀，必须将稀释的血液摇匀后再重新充入计数室计数。

（6）计算

①白细胞数 将四角的4个大方格内数得的白细胞总数乘以50，即得每立方毫米血液内的白细胞总数，也可将对角两个大方格内数得的白细胞总数乘以100。因为：稀释液0.38 mL，加入血液20 mm³（1 mm³ = 0 001 mL，故20 mm³ = 0.02 mL），使血液稀释20倍，换算成未稀释血液时应乘以20。在计数时仅统计四角的4个大方格内的白细胞，其容积为1 mm × 1 mm × 0.1 mm × 4 = 0.4 mm³，换算成每立方毫米时应乘以2.5。这样，把四角4个大方格内数得的白细胞总数乘以50（即20 × 2.5 = 50），即得每立方毫米血液内的白细胞总数。

②红细胞数 将中央大方格中的四角和中央的中方格共5个中方格内数得的红细胞总数乘以10 000，即得每立方毫米血液内的红细胞总数。因为：稀释液3.98 mL，加入血液20 mm³（即0.02 mL），使血液稀释200倍，换算成未稀释血液时应乘以200。在计数时仅统计0.02 mm³内的红细胞（1个中方格的容积为0.2 mm × 0.2 mm × 0.1 mm = 0.004 mm³，5个中方格的容积为0.02 mm³），换算成每立方毫米时应乘以50。这样，把5个中方格内数得的红细胞总数乘以10 000（即200 × 50 = 10 000），即得每立方毫米血液内的红细胞总数。

③按目前临床上血细胞计数采用的通用单位，将以上所得每毫升血液中所含各血细胞数量换算为各血细胞在每升血液中的数量。

（7）清洗

盖玻片及计数板用过之后，必须立即用水冲洗，但不可用硬物刷洗。计数板晾干或用吹风机吹干后，应镜检计数室是否干净，如不干净须重复洗至干净为止。

（二）不同脊椎动物血液差异的观察

▶实验动物采血方法

采血：鱼活体采血方法见实验11；蛙蟾类采血：毁髓后于心脏处采血，或直接剪掉头部后取血；鸟类采血方法见实验15；小鼠采血采用断尾取血法。

血涂片制作观察和血细胞计数的操作步骤同上。也可自行改进。

注意：鸟类及低等脊椎动物的红细胞有核，具核的凝血细胞（thrombocyte）代替哺乳动物的血小板。

五、作业与思考

比较人及所选哺乳类、鸟类、两栖类或鱼类动物的血液组成、血细胞形态和血细胞数量的异同。

实验22

河蟹外形观察与解剖

一、实验原理

河蟹，即中华绒螯蟹（*Eriocheir sinensis*），又名大闸蟹，分类上与虾同属于节肢动物门甲壳纲、十足目。河蟹在我国分布很广，食性杂，为传统水产珍品。随着河蟹人工育苗技术的发展，以及养殖技术的成熟，我国河蟹生产进入崭新阶段，我国也成为世界首屈一指的产蟹大国。蟹和虾同为大型水生甲壳动物，体内各系统结构有类似的特点，比如 19 对附肢、5 对胸肢明显、用鳃呼吸、开管式循环、排泄器官为触角腺等，同时也有不同的结构特点。

二、实验目的

1. 通过对河蟹的外形观察和内部解剖，进一步掌握节肢动物门甲壳纲动物的主要特征。
2. 了解河蟹的身体构造。

三、实验用具及材料

1. 解剖镜，放大镜，蜡盘，解剖工具，烧杯，载玻片，盖玻片。
2. 75% 乙醇。
3. 河蟹活体（雌、雄）。

四、实验操作与观察

将河蟹活体放入 70% 乙醇中麻醉 10 ~ 20 min，再取出观察。

（一）河蟹外形观察

蟹的身体分为头胸部和腹部，头胸部的背面覆盖着一层坚硬的背甲，叫头胸甲（carapace）。头胸甲覆盖在头胸部背面和左右两侧，以一定角度向腹面弯折，俗称"蟹兜"。蟹兜和头胸部腹面的腹甲在两侧有缝隙，内通河蟹的鳃室（branchial chamber），胸肢基部发出的鳃就伸入在鳃室中。蟹类的腹部退化为一扁平的片状物，反折紧贴在胸部下面，俗称"蟹脐"。

1. 雌雄外形差异

蟹类雌雄的外形区别主要看腹部形状。雄蟹蟹脐狭长三角形，俗称尖脐；雌蟹成熟后，腹部扩大为圆形，覆盖整个头胸部腹面，俗称团脐（图22-1）。尖脐和团脐是区别雄蟹和雌蟹的最显著标志之一。

雌雄河蟹外形的差别还有腹部的腹肢（见下文）以及螯足，雄性螯足更为粗壮，跗节的绒毛也更多，内、外侧均密具绒毛，而雌性的绒毛只在外侧存在，内侧无毛。

2. 头胸甲

河蟹的头胸甲从背面观察呈圆方形，一般呈黑绿色，背面较隆起。依据头胸部体内器官的位置，在背甲上划分为胃区（gastric region）、心区（cardiac region）、左右肝区（hepatic region）和左右鳃区（branchial region）（图22-2）。背甲前部有6枚

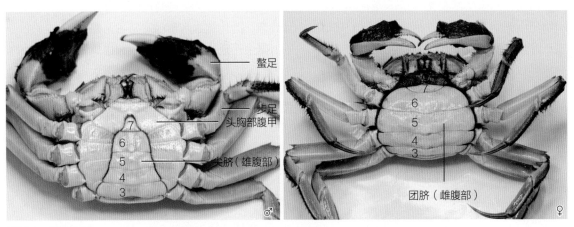

图22-1 河蟹腹部

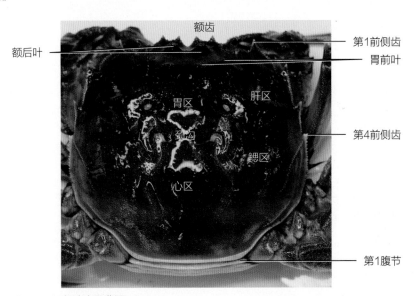

图22-2 河蟹头胸甲背面

突起，前后排列，前2枚较大，为额后叶；后4枚小，为胃前叶，各个突起均有细颗粒。

头胸甲边缘可分为前缘、后缘和左右侧缘。前缘平直，中央部分称额缘（frontal margin）。额缘的形态是鉴定绒螯蟹种类的依据之一，中华绒螯蟹额缘有4个尖突的额齿（frontal teeth）；头胸甲侧缘的前部列有4齿，称为前侧齿或鳃齿（branchial teeth）。

头胸甲弯折于腹面的前侧部分两边各有2条横脊，前一条短，在眼下方，称为眼眶下线（subborbital suture）；后一条长，称为侧甲线（pleural suture），为头部背甲和腹甲的愈合缝（图22-3）。侧甲线后方、头胸甲与步足基部结合处为鳃室的入水孔。

3. 头胸部腹甲

河蟹的头胸部腹面为一块腹甲覆盖，拉开腹部即可见到（图22-4）。腹甲有8个胸节的腹甲愈合而成。前4个胸节腹甲完全愈合，后4个还留有两侧的愈合缝。腹甲中央贴放腹部的凹陷为腹甲沟（sternal groove）。雌蟹第6胸节腹甲中部有1对雌性生殖孔，雄蟹第8胸节腹甲两侧有1对突出的膜质阴茎，雄性生殖孔开于其上。

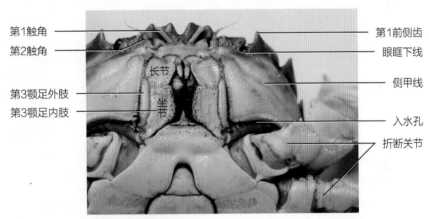

图22-3　河蟹头胸甲腹面（前部）

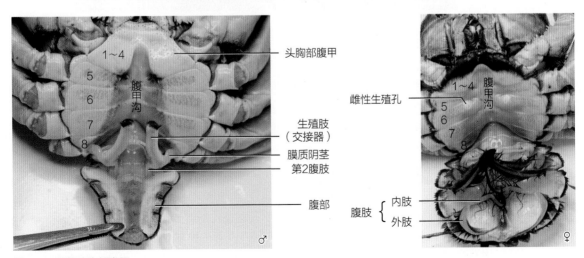

图22-4　河蟹头胸部腹甲

4. 腹部

河蟹腹部 7 节，第 1、2 腹节窄，为腹部转向头胸部腹面的连接部分，其余 5 节腹部紧贴叠放于头胸部的腹面（图 22-1），雌性宽圆形，雄性窄尖。

5. 附肢

甲壳纲十足目动物一般有 19 对附肢，包括 5 对头肢，8 对胸肢和 6 对腹肢，但河蟹的腹肢退化，雌蟹保留 4 对，雄蟹仅 2 对。

（1）头肢

头肢包括 2 对触角和 3 对口肢（图 22-5）。第 1 触角（antennule，又称小触角），双枝型，短小，原肢 3 节，端部生有 2 根触鞭，司触觉、嗅觉和平衡，基节内有平衡囊。第 2 触角（antenna，又称大触角）单枝型，原肢粗短，分基节和底节；外肢退化，内肢细长鞭状，分多节；基节上有触角腺的开口。

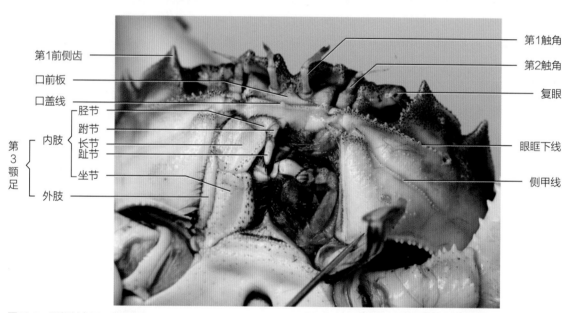

图22-5　河蟹触角及口器

3 对口肢为 1 对大颚（mandible）和 2 对小颚（maxilla）（图 22-6）。大颚围在口两侧，主要由原肢本身及其内叶形成，演变有咀嚼板，用来嚼碎食物。第 1 小颚小而柔软，单枝型，内肢形成两个片状结构，边缘多刺，可用来继续碎化食物。第 2 小颚较为发达，双枝型，外叶形成宽大扁平的颚舟片（scaphognathite），周边多刚毛，可伸入鳃室，扇动水流，因此也叫呼吸板。

河蟹口器由 6 对附肢构成，包括头肢的 1 对大颚、2 对小颚和胸肢的 3 对颚足（maxilliped），自里向外叠成，好像六道门，互相配合，完成口器的功能。

（2）胸肢

胸肢前 3 对特化为颚足，均为双枝型，用来帮助取食。第 1 颚足基节发出一细长的上肢，两侧有刚毛，伸入鳃室，横于鳃的背面（图 22-7），可刷除鳃表面的污杂物。第 2 颚足基节有 1 小片足鳃。第 3 颚足内肢分 5 节，前两节扁平宽大，似两扇大门护于口两侧（见图 22-3、图 22-5）；外肢细长，末端有 2 节鞭。

胸肢后 5 对长而发达，均为单枝型，外肢完全退化，包括用于捕食、攻防的 1 对螯足和用于爬行的 4 对步足。螯足和步足均分为 6 肢节：基节、底坐愈合节、长节、胫节、跗节和趾节（见图 22-1、图 22-6）。螯足的跗节基部膨大，端部形成不动钳指，趾节变为可动钳指，构成蟹钳。5 对足的底坐愈合节为底节和坐节愈合而成，但愈合相接处有独特连接，称为折断关节（breaking articulation）（见图 22-3），当蟹受到强烈刺激时，5 对足均可在此处折断，自动脱落，借此逃脱，之后可再生。

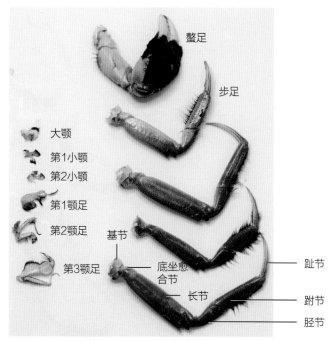

图22-6　河蟹头胸部附肢

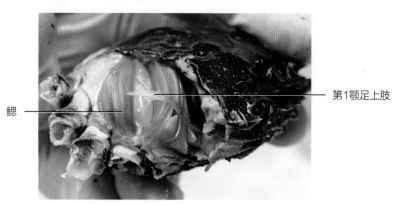

图22-7　河蟹鳃室

（3）腹肢

蟹类的腹肢退化，均与生殖有关。雄性腹肢只有前 2 对，特化为交接器（copulatory organ），或称生殖肢（见图 22-4、图 22-8）。其中第 1 腹肢较粗长，腹面纵褶形成一细管，基部连接第 8 胸节腹甲上的膜质阴茎，通过细管传送精液。第 2 腹肢细小，起到推送精液的作用。雌性腹肢保留有中间的 4 对，均为双枝型，内、外肢细长，两侧排列细长刚毛，用于抱卵（见图 22-4、图 22-8）。

（二）内部解剖

将河蟹头胸部背甲沿边缘从后向前剪开，先剪开两侧，观察完鳃室内的呼吸器官后，再将中部背甲揭去。操作时，一定要注意小心分离背甲和体内结构，避免破坏体

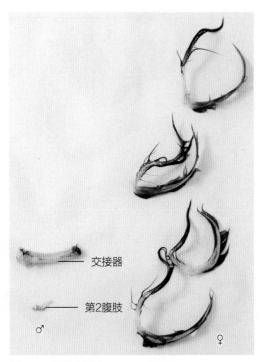

图22-8　河蟹的腹肢

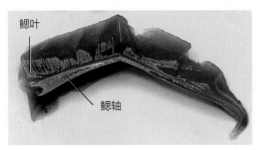

图22-9　河蟹的叶状鳃

内结构，影响观察。

揭去背甲后，如果河蟹仍处于麻醉、未死亡的状态，可以看见其心脏的搏动。

1. 呼吸系统

河蟹的呼吸系统由胸肢基节、基节关节及近体壁发出的鳃组成，位于头胸部两侧的鳃室中。大多数蟹类的鳃为叶状鳃（phyllobranchia），每个鳃中央有 1 条扁平的鳃轴，周边附属物为扁平瓣状（鳃叶），略呈三角形，密集如书页（图 22-9）。左右鳃室位于头胸甲两侧的鳃区之下，各包含 8 个叶状鳃。左右鳃室各有进水孔和出水孔和外界相通，进水孔位于 4 对步足基节之间的头胸甲侧缘之下，头胸甲前侧缘之下、螯足基节之上也有 1 进水孔。出水孔每个鳃室只有 1 个，位于口器上侧、第 2 触角基部之下。当蟹刚离开水时，水仍从鳃室不断排出，在口上形成许多泡沫。

2. 循环系统

蟹类的心脏位于头胸甲心区之下、头胸部中央略偏后一些，呈近方形的扁平囊状（图 22-10、图 22-11）。宽平的心脏位于围心腔内，发出以下 6 条主要血管：

前大动脉（anterior aorta）：1 条，心脏前缘正中央发出，分布至脑和眼。

头侧动脉（cephalic artery）：1 对，由心脏前缘前大动脉基部左右两侧发出，分布于触角、胃等器官。

肝动脉（hepatic artery）：1 对，心脏前缘腹面左右两侧发出，分布到肝和生殖腺。

后大动脉（又称腹上动脉，superior abdominal artery）：1 条，心脏后缘正中央发出，分布于后肠、腹肢等处。

3. 生殖系统

河蟹雌雄异体，雌蟹第 6 胸节腹甲中部有一对雌性生殖孔，雄蟹第 8 胸节腹甲两侧有 1 对雄性生殖孔及阴茎。雄性腹肢前 2 对特化为生殖肢，雌性腹肢 4 对，排列细长刚毛，用于抱卵。

雄性生殖系统：雄蟹包括精巢、生殖管道和副性腺，左右成对。1 对精巢位于头

交接器

第2腹肢

♂

♀

鳃叶

鳃轴

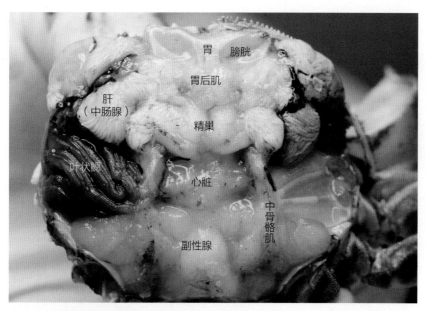

图22-10　雄性河蟹内脏器官

▶ 河蟹心脏

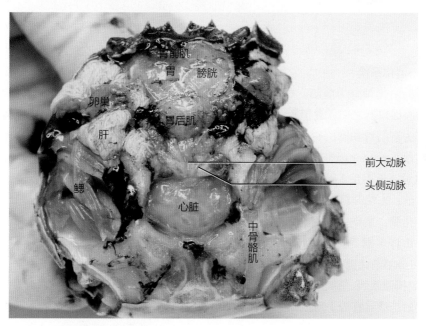

图22-11　雌性河蟹内脏器官

胸部内心脏和胃之间的背侧，左右精巢有横枝相连，随着发育，体积不断增大，呈透明乳白色（图 22-10）。1 对副性腺发达，位于头胸部内心脏后方近背部两侧，由许多弯曲分支的盲管组成。

雌性生殖系统：包括 1 对卵巢、雌性生殖管和纳精囊。雌蟹卵巢位于头胸部内肠道两侧，左右卵巢在心脏前方有横枝相连（图 22-11）。不同发育期，卵巢的大小、色泽、形状不同。

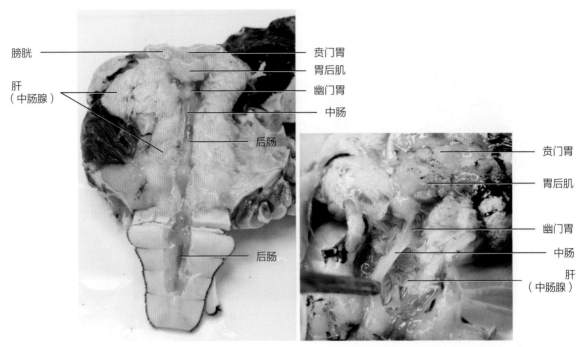

膀胱

肝
（中肠腺）

贲门胃
胃后肌
幽门胃
中肠
后肠

后肠

贲门胃

胃后肌

幽门胃

中肠

肝
（中肠腺）

图22-12 河蟹消化系统

4. 消化系统

蟹的消化管分为前肠、中肠和后肠。前肠包括口、食道和胃，口位于头胸部近前端的腹面口器之中，食道短，垂直向上与胃相连。蟹的胃膨大，位于头胸甲胃区之下，分为贲门胃和幽门胃，贲门胃大，壁硬，内有胃磨（gastric mill）。胃壁前后有1对胃前肌（anterior gastric muscle）和1对胃后肌（posterior gastric muscle）（图22-11）。中肠很短，长不足1 cm，之后连接后肠。后肠沿头胸部后半部分中线处，随腹部弯折再向前，末端开口（肛门）于腹部最后一节（图22-12）。

消化腺：蟹类中肠虽短，但其前部腹面发出的1对中肠腺（midgut gland）非常发达，由许多细盲管组成，分布在胃肠两侧，呈鲜黄色。中肠腺亦称肝，俗称"蟹黄"，可分泌消化液，也是分解、吸收及贮存营养物质的主要场所。

5. 排泄系统

蟹的排泄器官为1对触角腺，在蟹胃背面左右两侧1对大的囊状结构，即为其膀胱（bladder）（图22-11）。

6. 神经系统

蟹的神经系统属于链索状神经系统，主要由脑（食道上神经节）、围食道神经环、腹神经索组成。在头胸部前端，去掉内部肌肉，将蟹胃向后拨开，可以看见向下的食道周边有透明的围食道神经环（图22-13），其前方连接脑，在食道后方连接腹神经索。因其体型变化，蟹的腹神经索上的神经节高度集中，所有神经节愈合在一起，形成一大的长卵形腹神经节，位于头胸部中央，贴近腹甲。观察完蟹的内脏器官后，将头胸甲下方的内脏和肌肉小心去掉，可以观察到贴于腹甲内面的腹神经节。

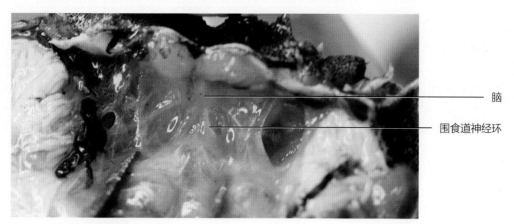

图22-13　河蟹的围食道神经

五、作业与思考

比较水生甲壳动物与陆生节肢动物的结构特征。

动物宏观标本的制作

一、实验原理

宏观标本能真实地反映动物的形态和构造，并可长期保存，因而在动物分类、进化等科学研究以及教学中有重要的作用。此外，制作精良的动物标本还具有很高的艺术收藏价值。脊椎动物骨骼标本制作时要熟悉各类动物骨骼系统的结构特点，鱼类的头骨骨块数多，粘接不易，制作标本时注意控制好煮的时间，避免头骨骨块被煮散。昆虫标本一般为针插干制标本。鸟类和哺乳类标本一般为剥制标本，包括平躺的教学标本和站立有姿态的生态展示标本。

二、实验目的

1. 通过液体染料注射法制作两栖类血管标本，了解两栖类主要的动静脉及其分布。
2. 学习鱼和两栖类骨骼标本的基本制作方法，了解硬骨鱼类和两栖类骨骼的基本组成。
3. 学习昆虫展翅标本的制作方法。
4. 观察鸟类姿态特征，学习鸟类剥制标本的一般制作方法。

三、实验用具及材料

1. 解剖工具，蜡盘，烧杯，注射器，棉线，棉球，刷子，铁丝，钳子，泡沫板，昆虫针，三级台，展翅板，硫酸纸，图钉，大头针，缝合针、线。
2. 乙醚，过氯乙烯等填充剂，白乳胶，过氧化氢，氢氧化钠，甲醛，苯酚。
3. 根据自己的兴趣选择以下实验材料：牛蛙或蟾蜍，鲤鱼或鲫鱼，鳞翅目蝶、蛾类和其他昆虫，家鸽或其他鸟类或小鼠。

四、实验操作与观察

（一）注射法制作两栖类血管标本

1. 蛙的麻醉与解剖

选体型较大的蛙置于倒扣的烧杯内，将蘸有乙醚的棉球放入其中，使蛙麻醉致死。将蛙腹部向上置于蜡盘上，拉伸四肢，并用大头针固定。参照本书实验 12 进行解剖（注意不要损坏较大的血管）。

2. 动脉注射

（1）用尖头镊分离动脉干，在其下穿 2 根线备用。将注射针头插入动脉干，抽出 5 mL 血液，取下针筒，保留针头在原位。将一备用棉线在动脉圆锥与心室连接处做一结扎。

（2）用另一注射器抽取 5 mL 温热的红色色剂，安装于原针头上，将红色色剂注入动脉干。待肠系膜或皮肤的小血管充满红色色剂时抽出针头，用另一备用棉线结扎动脉干。

3. 静脉注射

将心脏翻向前方，在静脉窦与心脏连接处穿 1 根备用线。在静脉窦处进针抽出 5 mL 血液，随即用备用线在静脉窦与心脏连接处作一结扎。然后在抽血处注入蓝色色剂，待胃壁、皮肤等处的静脉充满色剂时抽出针头。若色剂未能到达某些静脉，可在前大静脉补充注射。

4. 观察

用自来水冲洗蛙体，促使注射的色剂凝固。最后解开棉线，使血管恢复原状。这时主要的动脉血管呈红色，静脉血管呈蓝色，胃体表面有明显的红色细血管出现，贲门、肠系膜上的动脉也明显起来。同时，与许多动脉血管并行的静脉血管呈现出蓝色。仔细观察各动脉、静脉血管的走向和联系。

（二）煮制法制作鱼骨骼标本

1. 去鳞除内脏

（1）选取完整的个体，以鱼体长在 30 ～ 35 cm 范围为宜。

（2）将鱼置于解剖盘中，用解剖刀刮去鳞片，除掉鳃（注意不要损坏鳃盖骨）。用剪刀从肛门剪至下颌腹面，暴露体腔，取出内脏，用清水洗净鱼体。

2. 剔去肌肉

（1）用解剖刀从背鳍两侧沿肋骨除掉大块的肌肉，肋骨间的肌肉也应尽量刮下。注意操作中不要碰掉肋骨。

（2）刮下尾部两侧的肌肉。将眼球摘除。

3. 煮沸

（1）将剔去肌肉的鱼放入煮锅内，加洗衣粉少许，加入清水淹没鱼体并加热至沸腾。当发现肌肉松软，即可将鱼从煮锅中拿出，对已经松散或脱落的骨骼要按一定的部位放在白纸上。

（2）用解剖刀从第 2 ～ 3 节椎骨处横切以分离头部与躯干。用刷子和镊子将肋骨间残留的肌肉以及头骨、各鳍条骨上的肌肉剔除干净，再用水冲洗干净并晾干。

4. 粘接与固定

（1）用白乳胶粘接松散脱落的骨骼，注意各类骨骼本来的正确位置和姿态。

（2）用铁丝穿过各个椎骨的椎管，以固定整个躯干。将从躯干延伸出的铁丝穿入头骨使之与躯干固定在一起。对于容易脱落的胸鳍、腹鳍和臀鳍，可用细的铁丝固定在适当的位置上。

（3）用较粗的铁丝作为支撑杆分别固定头骨、躯干骨和尾鳍骨，把铁丝的另一端固定在一块木质底板上，这样将整个骨架支撑起来。

（三）腐蚀法制作两栖类骨骼标本

1. 剔除肌肉

将蟾蜍（或蛙类）置于密闭的瓶中，用乙醚麻醉致死。

将蟾蜍置于解剖盘中，用剪刀剖开腹面皮肤，切勿剪到胸部肌肉，以免剪坏剑胸软骨，然后将皮肤剥离。再用剪刀剪开腹腔，除去内脏。

蛙蟾类两肩胛骨无韧带与脊柱相连，所以，可将左右肩胛骨连同肢骨与脊柱分离，使整个骨骼分成两部分。然后细心地把附着于全身骨骼上的肌肉基本剔除干净。在剔除荐椎横突与髂骨相关联的肌肉时，应特别小心，宁可暂时多保留一些肌肉和韧带，避免躯干与腰带相关联的韧带分离。同样也应注意四肢的指骨、趾骨。

2. 腐蚀与漂白

将骨骼用清水冲洗干净，浸入 5 ～ 8 g/L 氢氧化钠中（腐蚀残留肌肉），约 1 天后取出，在清水中洗去碱液，再把残留在骨骼上的肌肉剔除干净。

将骨骼浸于过氧化氢（双氧水）中漂白 2 ～ 4 天，骨骼洁白后取出，清水漂洗干净。

3. 整形装架

取一块泡沫塑料板，将骨骼放在上面，把躯体与四肢的姿态整理好后用大头针固定在塑料板上，以防止骨骼在干燥过程中变形。下颌和胸椎骨下面用纸团垫起，使其呈生活时抬头的倾斜状。两块上肩胛骨附着在第二、三脊椎骨的横突两侧，可用白胶粘住。

（四）昆虫标本的制作

▶昆虫标本
制作

1. 针插固定

（1）插针固定虫体前，需将已干硬的虫体进行软化处理，以便展翅。将一干燥器底部注入清水，加入数滴防腐剂，如甲醛或苯酚等。在水面上部的有孔瓷盘上铺 1 层滤纸，将昆虫材料放置在上面，加盖密封 1 ～ 2 天即可。如果采集后及时制作标本，可省略这一步。

用镊子小心夹住已软化昆虫的身体部分，从干燥器内取出，放在展翅板上。注意不要用手指接触昆虫的翅膀。

（2）根据虫体大小选择长短和粗细适宜的昆虫针，蝶、蛾类昆虫宜用 1、2 或 3 号针。

（3）将 1 根昆虫针从虫体中胸背部垂直插入，由腹面穿出，插入部位因昆虫类别不同而略有差异，目的是不破坏鉴别特征和身体结构（图 23-1）。若为科研用标本，应先在三级台上确定虫体在昆虫针上的高度位置。

2.　展翅整姿

若为展翅标本（如鳞翅目昆虫），则将针插标本固定在展翅板中间凹槽下方的软木板上。若不展翅，则直接在整姿台上整姿，使足、触角、翅都处于自然状态。昆虫翅展平、复位是在展翅板上进行的。展翅板由左右两块可以滑动的木板和中央的凹槽构成，左右木板上事先固定透明纸条，纸条宽度根据昆虫翅的大小而定。凹槽是放置昆虫身体的地方，其宽度可根据虫体胸腹部的粗细移动木板进行调节。展翅板的本板以软木为宜。

（1）将昆虫放置在展翅板上，使翅能平铺在木板上。用小镊子或昆虫针拨动前翅（拨翅的基部前缘较粗的翅脉，注意不要损坏翅面），使其后缘与虫体垂直，并将后翅的前缘紧贴前翅的后缘（前后翅处于自然重叠状态）。边展翅边用透明纸条平压翅，并用大头针沿翅的外缘斜插入固定纸条。分先后展平左、右翅。

（2）用昆虫针将昆虫头部的触角架起，使它们位于自然的位置。躯干部的足也要固定到相应的位置。可在其身体下垫以棉球，以免干燥过程中腹部下垂，也可用大头针抬起固定。

3.　干燥和收纳

（1）将整理好的虫体连同展翅板、整姿台一同放在室内晾干或烤干。为制作好的昆虫标本制作 1 个采集标签。用铅笔或绘图墨水写标签，内容包括昆虫学名、采集地、采集时间和采集人等信息。

（2）虫体完全干燥后，小心拔去固定昆虫翅的大头针。将虫体从展翅板或整姿台上取下，插上标签（标签在昆虫针上虫体的下方，高度位置应用三级台确定），放入盛有樟脑丸的昆虫盒内长期保存。

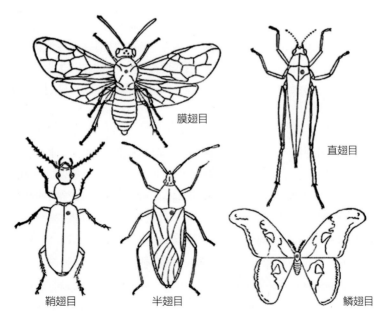

图23-1　不同昆虫的针插部位

▶ 鸟类标本
制作

（五）鸟类剥制标本的制作

1. 处死

用窒息法处死鸟类，具体操作见本书实验15。一般在制作前1～2h处死为宜，这样可使鸟体内的血液充分冷凝，避免流动的血液污染皮毛，而且身体僵冷时易于剥制。

2. 去秽

用湿棉球擦拭羽毛等处的污秽物，并用石膏粉扑撒在羽毛上，使之干燥。

3. 剥皮与去肉

（1）将标本腹部向上置于解剖盘内。鸟类剥皮常用腹剥法，顺序如下：从胸腹部中线将羽毛分开，用解剖刀自胸部龙骨突中部稍后到肛门的前方剪开皮肤。注意不要切入太深，不要割开腹腔，以免内脏溢出。然后用圆头镊子夹住一边皮肤，用刀柄或手指分离肌肉和皮肤。注意不要用力过大，以免造成皮肤破裂。

（2）由腹面的两侧向背部将皮肤与肌肉分离开。分离至大腿部时，可用手推出大腿，自股骨和胫腓骨交界处剪断，剔除胫腓骨上的肌肉，留下胫骨。然后继续向背、尾部分离，剪断尾椎骨时注意不要剪断尾羽羽根。然后手提股骨将鸟体羽毛向内、皮肤内层向外翻过来。剥至两翼时，紧贴躯体自肱骨处剪断。

（3）继续向前剥离。至眼部时，用手术剪把两眼球眼睑边缘的薄膜割开，切勿割破眼睑和眼球，用镊子取出眼球，剥至眼前方即停止剥皮。从枕骨大孔剪断气管、食管和颈椎，并剪去少许枕骨，以便用镊子将脑取出，并用棉球擦拭颅腔。

（4）清理两翼肌肉。首先将肱骨拉出，然后一直剥至尺骨与腕骨关节之间，并将桡骨、肱骨和附在尺骨上的肌肉全部清除干净，留下尺骨。在剥至尺骨时，应特别注意不要拉破皮肤和扯脱羽翼。

（5）将尾部肌肉和尾脂腺清理干净。

4. 防腐

检查并除去鸟皮上残留的肌肉和脂肪，用毛笔蘸防腐剂遍涂皮肤内面、颅腔、眼眶内、尺骨和胫骨。将棉花压实捏成球状填入两眼窝，尺骨和胫骨上用棉花缠绕，粗细依原形确定。然后将缠有棉花的尺骨、胫骨归位，再将皮肤翻转过来。用湿棉球擦洗羽毛上的污迹。

5. 填装与缝合

（1）取2根较粗的铁丝，长度比鸟喙至趾端略长（鸟体仰卧呈伸直状态）。将其中1根作为主轴支撑头、尾部；另一根弯成"＞"形，并将其尖角处缠绕在支撑头、尾铁丝的中部，后端与尾部同向，用于支撑腿部。在支撑头部的铁丝上缠绕棉花（其长短、粗细如鸟颈项原形），并插入颈部，直至头部枕骨中。同时将铁丝另一端插入尾部腹面中央。把"＞"形的铁丝两后端分别从两腿胫骨与跗跖骨穿过，并由脚底穿出。

（2）用棉球填充皮肤内的颈部、胸腔、体腔以及尾部，胸部应饱满以突出鸟的特征。

（3）用针线自后至前缝合皮肤。边缝合边向不实的部位补充棉花，使鸟体恢复原有状态。

6．整羽与制签

（1）用刷子理顺羽毛，使鸟的身体形状与鲜活时相仿。

（2）标本制作好后填写标签，注明学名、俗名、采集日期及地点等。

五、作业与思考

记录制作步骤。上交制作好的标本，标明动物名称、制作时间和制作人。

小鼠外形观察与解剖

一、实验原理

小鼠（*Mus musculus domesticus*）属于啮齿目（Rodentia）鼠科（Muridae），是从小家鼠（*Mus musculus*）选择培育而成，因其容易饲养、繁殖快、遗传上有较高的纯和度、与人类基因相似度高等特点，已经普遍用于生理学、医学、毒理学等学科的教学与研究中。熟悉小鼠体内结构，是用小鼠作为实验动物开展相关研究工作的基础。小鼠具有哺乳动物的一般特征，同时，啮齿目和兔形目系统进化关系近，结构相似性较大，因此小鼠内部结构的详细描述可参见家兔的解剖实验。

二、实验目的

1. 通过小鼠外形和内部构造的观察，了解啮齿类的结构特征。
2. 熟练掌握小鼠的解剖方法与内部结构。

三、实验用具及材料

1. 解剖工具，蜡盘，解剖镜。
2. 小鼠（雌、雄）。

四、实验操作与观察

（一）外形观察

体形小（图 24-1），体重 15 g 左右，成体体长 60 ～ 90 mm，尾较长，等于或短于体长；面部尖突，触须长，眼大；耳短，前折达不到眼部；尾毛稀疏，有横列的小鳞片。

雌、雄外形区别（图 24-2）：雄鼠外生殖器为肛门前距离较远的小突起（外生殖

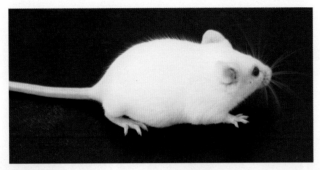

图24-1　小鼠外形

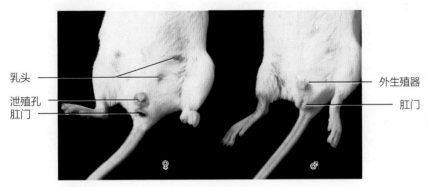

乳头

泄殖孔

肛门

外生殖器

肛门

♀　　　♂

图24-2　小鼠雌、雄外形

器或阴茎），繁殖期该处后部两侧有 1 对明显的外阴囊；雌鼠肛门附近有泄殖孔，距离肛门较近，腹部有两排乳头，繁殖期更为明显。

（二）处死方法

脊柱脱臼法：为处死小鼠最常用的方法，用左手拇指和示指捏住小鼠头的后部，并用力压住，右手抓住鼠尾，用力向后上方拉拽，即可使其颈椎脱臼，瞬间死亡。

根据需要，也可采取麻醉法。

（三）内部解剖

1. 解剖方法

如图 24-3，将小鼠腹部向上固定在蜡盘或解剖盘上，用镊子提起肛门前皮肤，剪刀剪开皮肤，然后向前沿腹中线剪开皮肤，一直到下颌处。用手术刀柄或镊子柄深入皮下，分离皮肤和腹壁，并用大头针固定体两侧皮肤。

依照同样方法，剪开小鼠腹壁，向前剪至胸骨处，再沿两侧向前剪断肋骨，取下整个胸骨及两侧肋骨，露出胸腔（图 24-4）。

2. 内部结构观察

在解剖开小鼠胸腹腔后，按照消化系统、呼吸系统、循环系统、泄殖系统的顺序依次观察其内部结构，可以参照图 24-5、图 24-6、图 24-7、图 24-8 来进行观察。观察时注意不要轻易摘取器官结构，尽量保证器官结构间的联系。由于小鼠个体小，一些结构的观察最好在解剖镜下进行。

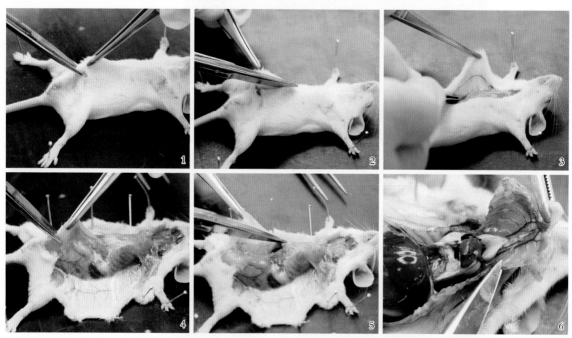

图24-3　小鼠解剖方法

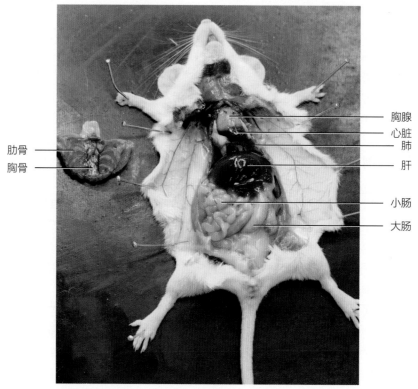

肋骨

胸骨

胸腺

心脏

肺

肝

小肠

大肠

图24-4　小鼠胸腔、腹腔原位观察

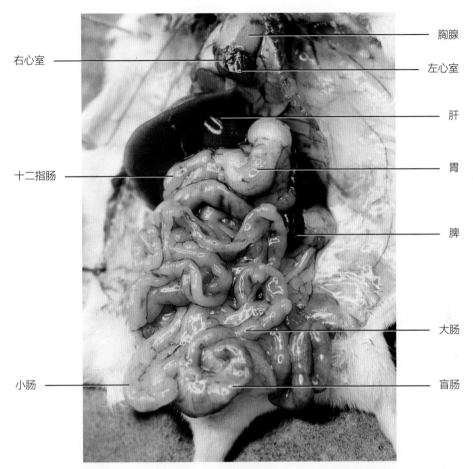

右心室
胸腺
左心室
肝
十二指肠
胃
脾
大肠
小肠
盲肠

图24-5 小鼠消化系统

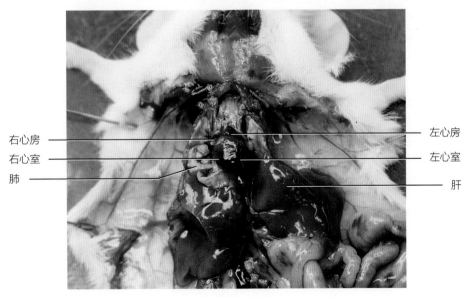

右心房
左心房
右心室
左心室
肺
肝

图24-6 小鼠心脏结构

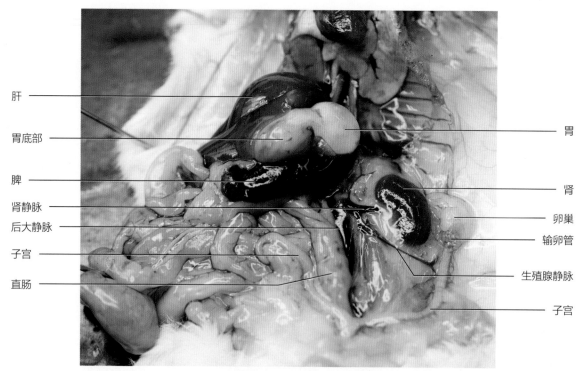

肝

胃底部

脾

肾静脉

后大静脉

子宫

直肠

胃

肾

卵巢

输卵管

生殖腺静脉

子宫

图24-7 小鼠泄殖系统（雌性）

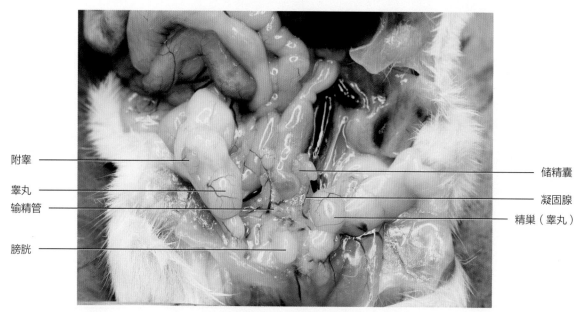

附睾

睾丸

输精管

膀胱

储精囊

凝固腺

精巢（睾丸）

图24-8 小鼠泄殖系统（雄性）

五、作业与思考

在小鼠解剖中注意解决以下问题，并在实验报告的结果中说明。

1. 啮齿目动物的牙齿特征是什么？小鼠齿式如何？臼齿咀嚼面有何特点？
2. 解剖的小鼠是幼体还是成体？从哪几个方面来判断？
3. 小鼠有哪几对唾液腺？位于什么位置？
4. 与家兔相比较，小鼠的盲肠特点是什么？
5. 通过观察，绘制小鼠循环系统主要动、静脉结构。
6. 小鼠内分泌系统的结构都有什么？通过你的解剖，能找见哪些内分泌腺？请绘图示出。
7. 小鼠雌、雄生殖系统的特点是什么？绘制其结构示意图。